外来入侵生物防控系列丛书

水葫芦监测与防治

SHUIHULU JIANCE YU FANGZHI

付卫东　张国良　张瑞海　等　著

中国农业出版社

著　者：付卫东　张国良　张瑞海
孙玉芳　王忠辉

前言

QIANYAN

外来入侵生物已成为全球生物多样性丧失和生态系统退化的重要因素。我国是世界上生物多样性最为丰富的国家之一，同时也是遭受外来入侵生物危害最为严重的国家之一。而防范外来入侵生物，需要全社会的共同努力。通过多年基层调研发现，针对基层农技人员和普通群众防范外来入侵生物的科普读本较少。因此，我们组织编写了《外来入侵生物防控系列丛书》。希望在全社会的共同努力下，让更多的普通民众了解外来入侵生物的危害，自觉参与到防控外来入侵生物的战役中来，为建设我们的美好家园贡献力量。

水葫芦[*Eichhornia crassipes* (Mart.) Solms.]（凤眼莲）是入侵我国华南、华中、华东、西南等地区的恶性外来杂草，其入侵性强，繁殖迅速，与本地水生植物竞争光、水分、营养和生长空间，导致本地水生植物濒危或灭绝。近年来，水葫芦在我国上海、浙江、湖南、湖北、广东、广西、福建、重庆等地疯狂扩散蔓延，对当地的渔业生产及生态环境造成严重影响。《水葫芦监测与防治》一书系统介绍了水葫芦分类地位、形态特征、发生与危害、生物学与生态学特性、检疫检验、调查与监测、综合防治等知识，为广大基层农技人员和普通民众识别水葫芦、开展防控工作提供技术指导。

本书由国家重点研发计划（2016YFC1201203）、农业外来入侵生物防治财政专项（2130108）资助。

著 者

2017年10月

目录

MULU

第一章 水葫芦分类地位与主要形态特征

第一节　分类地位

一、分类地位

水葫芦属双子叶植物纲（Dicotyledoneae）、百合目（Liliales）、雨久花科（Pontederiaceae）、凤眼莲属（*Eichhornia*），多年生草本植物。学名 *Eichhornia crassipes* (Mart.) Solms.；异名 *Eichhornia cordifolia* Gand.，*Eichhornia crassicaulis* Schltdl.，*Eichhornia speciosa* Kunth，*Heteranthera formosa* Miq.，*Piaropus crassipes* (Mart.) Raf.；英文名 water hyacinth，common water hyacinth，waterhyacinth，floating waterhyacinth，water-orchid；中文别名凤眼莲、凤眼蓝、凤眼兰、布袋莲、水浮莲等（图1-1）。

图1-1　水葫芦美丽的花（付卫东摄）

二、分类检索

水葫芦及其近缘种检索表：

1. 花明显具梗；花被片辐射对称，几乎离生，后方花被片不具1异色斑点；雄蕊6枚；花丝无毛。

2. 植株矮小，高通常12 ~ 35厘米；叶片卵形至卵状披针形，长2 ~ 7厘米，宽0.8 ~ 5厘米，基部钝圆或浅心形；花序有花3 ~ 15朵。……………………………鸭舌草*Monochoria vaginalis*

2. 植株高大，高通常35 ~ 90厘米（稀更高）；叶片卵状心形，箭形或三角状卵形。

3. 叶片卵状心形或宽心形，基部裂片圆钝，长4 ~ 10厘米；花序有花10余朵。………………雨久花 *Monochoria korsakowii*

3. 叶片三角状卵形或箭形，基部裂片戟形或箭形，长7 ~ 15（~ 25）厘米；花序有花10 ~ 40朵。……箭叶雨久花 *Monochoria hastata*

1. 花无梗；花被片两侧对称，合生，后方裂片具1异色斑点；雄蕊6枚，3长3短；花丝有毛。…………………………水葫芦 *Eichhornia crassipes*

水葫芦及其近缘种见图1-2。

图1-2 水葫芦及其近缘种（付卫东摄）
①②水葫芦；③④鸭舌草；⑤⑥箭叶雨久花；⑦⑧雨久花。

第二节 主要形态特征

水葫芦是一种多年生浮水草本植物，其入侵性强，生长力旺盛，繁殖迅速。2013年被列入《国家重点管理外来入侵物种名录（第一批）》（中华人民共和国农业部公告第1897号），其主要形态特征如下：

一、成株

浮水草本，高20～100厘米，一般簇生或大面积形成垫状物漂于水面，基部匍匐于水中，茎端直立于水面（李扬汉，1998）。水葫芦单株及群体见图1-3。

图1-3 水葫芦单株及群体（付卫东摄）

二、根系

水葫芦根系发达，只有须根，须根上有很多根毛，丛生于茎基部，新根为蓝紫色，有的为白色，老根变棕黑色，须根垂于水中，一般长10～20厘米（图1-4），有时可伸到水下数米或更深（李扬汉，1998）。

图1-4　水葫芦根（付卫东摄）

三、茎

茎极短，具长匍匐枝，匍匐枝淡绿色或带紫色（图1-5），与母株分离后长成新的植株（李扬汉，1998）。

图1-5　水葫芦茎（付卫东摄）

四、叶

水葫芦叶为基生叶，在基部丛生，莲座状排列，一般5～10片；叶片圆形、宽卵形或宽菱形，叶宽5～15厘米，长20～30厘米，微弯，呈波浪状，簇生于极度缩短的茎上，叶柄长短不等，中部膨大呈囊状或纺锤形，内有许多多边形柱状细胞组成的气室，维管束散布其间，黄绿色至绿色，光滑；叶柄基部有鞘状苞片，长8～11厘米，黄绿色，薄而半透明；成熟植株一般具有1片绿叶，叶深绿有光泽，叶肉肥厚柔嫩多汁，表面具有蜡质，在水中分解很慢，叶脉密而多，纵向分布（李扬汉，1998）。水葫芦叶见图1-6。

图1-6　水葫芦叶（付卫东摄）

五、花

花为穗状花序，长17～20厘米，通常具9～12朵花；花被裂片6枚，花瓣状，卵形、长圆形或倒卵形，紫蓝色，花期1天多，随后就逐渐向下弯曲，没入水中。花茎中部有鞘状的苞片，花呈冠状，最上面1瓣有鲜黄色斑点，雄蕊6枚，3长3短，雌蕊1枚，子房上位，长梨形（李扬汉，1998）。水葫芦花见图1-7。

图1-7　水葫芦花（付卫东摄）

六、果实和种子

蒴果卵形，整株花序有300 ~ 500粒种子，种子极小，千粒重约0.4克，黄褐色，种子沉积水下可存活5 ~ 20年（Center and Spencer，1981）。水葫芦种子见图1-8。

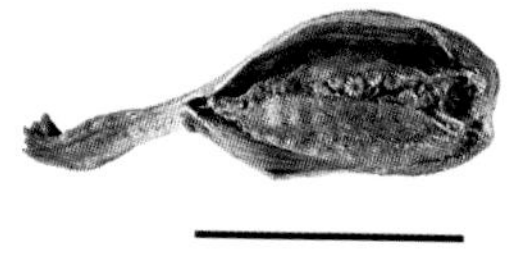

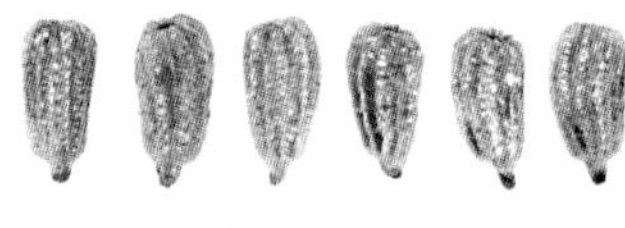

图1-8　水葫芦种子（引自Kirkbride）

第二章 水葫芦发生与危害

第一节 起源与分布

一、世界分布

水葫芦原产南美洲，起源于南美洲的亚马孙河流域，后扩散到南美洲其他国家。目前水葫芦已广泛分布于北纬40°（葡萄牙）到南纬40°（新西兰）之间，非洲、美洲、亚洲、大洋洲及欧洲的至少62个国家和地区均有分布。其中，分布最广的有马拉维的夏尔湖、非洲的贝宁湾与维多利亚湖、巴布亚新几内亚的塞皮克河、尼罗河及其支流（陈若霞，2005）。现已成为全世界多个国家严重的外来入侵植物之一，带来了一系列的生态、经济、社会问题(Barrett et al., 1982)。

二、国内分布

水葫芦引入我国已有100多年历史，1903年水葫芦作为观赏植物由我国台湾引入大陆（万方浩等，2005），20世纪50～60年代水葫芦广泛放养于南方乡村河塘，作为猪饲料推广种植，也用于喂养家禽等；80年代一些南方省份开始出现水葫芦危害；90年代由于水体富营养化、气候转暖等原因危害日渐严重，并出现逐渐北扩的趋势。目前，水葫芦在我国的分布点主要集中在北纬20°～34°的地区，最南到海南，最北在山东境内也有分布，分布范围较广，尤以广西、广东、福建、江西、云南、湖南等省（自治区）分布最多。水葫芦有着较宽的生态幅，能利用各种潜在资源范围，在失去原生地自然控制的情况下，强大的繁殖能力使其迅速形成大量种群，从而大面积覆盖河流、水道等表面，甚至入侵一些池塘、湖泊并覆盖全部水面。

水葫芦漂浮在水面很容易因管理不善而漂浮扩散，加之其快速的生长繁殖速度和较强的竞争性，易在扩散地形成大面积的水葫芦种群；水葫芦喜湿热，故主要分布在南方温暖的地区，在冬季寒冷的地区，生长期6～7个月，需保护越冬。但近年来随着环境变化和水葫芦自身的适应性，在北方地区如山东也曾多次发生水葫芦大量繁殖污染水体的情况（蒋红涛、张红梅，2003；陈璐，2015）。

第二节　发生与扩散

一、入侵生境

如图2-1～图2-7所示，水葫芦在很多生境中均可生长，水库、湖泊、池塘、沟渠、流速缓慢的河道等是其最为适宜的生境；河流、江河等水域也是水葫芦发生的主要生境，漂浮于水面或根生于泥中；水葫芦在稻田也常发生而成为害草。另外，水葫芦在沼泽地及其他低湿的地方也可生长繁殖，在潮湿环境中水葫芦也可存活几个月（Parija，1934）。

图2-1 入侵河流、沟渠的水葫芦（付卫东摄）

图2-2　入侵水库、湖泊的水葫芦（付卫东摄）

图2-3　入侵池塘的水葫芦（付卫东摄）

图2-4 入侵保护性湿地的水葫芦（付卫东摄）

图2-5 入侵养殖区的水葫芦（付卫东摄）

图2-6 生长在潮湿环境中的水葫芦（付卫东摄）

图2-7 入侵农田的水葫芦（付卫东摄）

二、扩散路径

水葫芦主要通过引种和水流进行传播，其中人为引种是水葫芦在我国广泛分布的主要原因。20世纪60年代初，我国将水葫芦列入所谓“三水饲料”（水花生、水葫芦、水芹菜）进行人为引种、传播，作为代用饲料、药用植物及防污、治污植物等应用，客观上加快和扩大了该植物的传播速度与经济危害程度。

水葫芦兼有有性和无性两种繁殖方式，每个花穗包含有300 ~ 500粒种子，种子在水中的休眠期可达15 ~ 20年；水葫芦还依靠匍匐枝无性繁殖，在30℃时，5天可形成新的植株。水葫芦对水中的养分和pH的要求不高，最适合生长的条件是pH 7、磷含量20毫克/升和有足够的氮源。因此，水体富营养化也是水葫芦蔓延危害的重要因素。我国长江流域以南具有适宜水葫芦生长和繁殖的气候与环境条件，水葫芦在长江流域以南的地区均可生长自然越冬，同时我国南方四通八达的水网也加剧了水葫芦的扩散。

通过对水葫芦分布数据进行分析，以1950年、1980年为分界点，在Arc GIS 中重建历史演变过程，可以分析得到水葫芦在我国分布范围的动态变化（陈璐，2015）。

（1）1950 年以前，水葫芦初步在野外建立种群，此时主要分布在珠江流域、长江以南的地区。这个时期水葫芦刚在我国建立种群，扩散情况不严重，种群的生长规模也较小，未给我国带来大的入侵危害。

（2）1951—1980 年，水葫芦处于引入利用阶段。由于此时我国的物质比较匮乏，水葫芦以其极快的繁殖速度使得各地纷纷引入，用作田间肥料和养殖业饲料。因此，20世纪50 年代开始水葫芦逐渐向北扩散至长江以北；在此期间，河北、河南都发现有水葫芦的踪迹。

（3）1981年至今，水葫芦处于快速扩散阶段。种群暴发式增长遍及长江以南的省份，快速入侵了我国南方多个省市的水面，带来了巨大危害，尤以珠江水系、长江中下游水系和东南沿海诸河最为严重。从全国来看，各省市的分布点密集起来。此时对水葫芦的研究也逐渐深入，利用方式呈现多样性。

陈璐（2015）利用GARP和ENFA对水葫芦进行风险预测，结果显示，江西、广西、安徽、福建、广东、浙江为威胁区；上海、江苏、湖南、海南为扩散区；湖北、贵州、重庆、云南、河南、台湾、澳门为适宜区；四川、山东、陕西、西藏、香港为可生长区；其他12个省、自治区、直辖市范围为安全区。

第三节 影响与危害

水葫芦入侵所造成的危害是多方面的，既可直接严重影响水体生物多样性，还可以阻塞河道、灌渠，影响农业灌溉及水上交通，对经济造成间接的影响。水葫芦还可为蚊蝇的滋生、繁殖提供良好的环境，严重危害农业发展、水上运输和人类健康。

一、对水生生物多样性的影响

水葫芦入侵性强，繁殖迅速，与本地水生植物竞争光、水分、营养和生长空间，导致本地水生植物腐烂死亡，污染水体，加剧水体富营养化程度。密集的水葫芦降低了光线对水体的穿透能力，降低水中溶氧量，妨碍其他水生生物的生长而造成生态链失衡，对生态系统造成不可逆转的破坏，导致生物多样性丧失（图2-8）。20世纪60年代以前，滇池主要水生植物有16种，水生动物68种；但到了80年代，16种水生植物已经难觅踪影，68种原生鱼种已有38种濒临灭绝（万咸涛等，2002；谭承建等，2005）。

二、对农业、渔业生产的危害

发生严重的水葫芦阻塞水渠、影响农田水利（图2-9）。如广东省佛山市高明区更合镇陇村，由于水葫芦的入侵，造成当地农田水利灌溉不足，导致有100多亩*农田因为干旱而无法种植水稻，严重影响了农田的灌溉，在雨季时排水不畅，甚至威胁到村民的生命和财产安全（练惠通等，2014）。

图2-8 水葫芦影响生物多样性（付卫东摄）

图2-9 水葫芦阻塞水渠，影响农田水利灌溉（付卫东摄）

* 亩为非法定计量单位。1亩=1/15公顷。

水葫芦若在鱼塘、水库等淡水养殖水域发生繁衍，其强大的繁殖速度能够封闭水面，导致水中溶解氧含量降低，从而造成鱼、虾等水生生物因溶解氧的消耗而窒息死亡。此外，水葫芦大面积发生还会影响水产捕捞。广东湛江的南渡河可供渔业养殖面积为2 000多亩，是重要的水产养殖基地，现如今水葫芦已经“占领”了南渡河的10%，使得南渡河河水供氧不足，河内鱼和鱼苗因缺氧而大量死亡。又如，潮州市饶平县三百门大堤西侧一望无际的“潮澄饶联围”海域被水葫芦侵占，严重地影响了当地渔业的发展（练惠通等，2014）。

三、其他方面的危害

1. 影响景观　水葫芦在河流、水库等水域大面积生长蔓延。在相关的调查中发现，在滇池、太湖、黄浦江、闽江及武昌东湖等南方著名水体，水葫芦泛滥成灾。这不仅严重影响环境的美观和卫生，破坏景观的自然性和完整性，还对景区的生态环境造成极大的威胁，对旅游业带来损失（图2-10）。

2. 传播疾病　大量的水葫芦抑制了浮游生物的生长，为血吸虫和脑炎流感等病菌提供了滋生地，还滋生蚊蝇，为蚊子的幼虫提供了呼吸和繁殖的机会，严重危害动植物生长和人类健康（出泽宏，2010）。聚集重金属，影响正常的元素循环。水葫芦可以吸收水体中的重金属等有毒物质，并随水流漂移到其他地方，或沉积在水底，缓慢释放，构成对水质的二次污染(周伯瑜，1989)。水葫芦影响水质见图2-11。

图2-10　水葫芦入侵景区湖泊，影响景观（原中国农业科学院生物防治研究所水葫芦项目课题组摄）

图2-11　水葫芦影响水质（付卫东摄）

3.阻塞航运　水葫芦在其发生区内，总是成片发生，覆盖大面积的水面，影响了水上交通（图2-12）。从上游漂流下来的水葫芦在上海和浙江宁波发生过严重堵塞河道的情况，有的地方水葫芦的密集度甚至达到了可以承受人在上面行走的地步，致使航运一度瘫痪（谭承建等，2005）。例如，原定于2004年春节开通的广东省梅州市梅县西阳船闸，由于百亩的水葫芦严严实实地将水道堵住，投资2 000多万元的船闸未能启用，致使百吨级船舶从梅州直达潮汕的愿望未能如愿；又如，2011年3月，由于广东省佛山市顺德甘竹溪勒流段的水葫芦生长密集，导致了附近船只寸步难行（练惠通等，2014）。

图2-12　水葫芦影响水上交通（原中国农业科学院生物防治研究所水葫芦项目课题组摄）

第三章 水葫芦生物学与生态学特性

第一节　生物学特性

一、水葫芦的繁殖特性

水葫芦的繁殖有无性繁殖和有性繁殖两种方式。水葫芦主要以匍匐茎无性繁殖为主，在茎节上长出匍匐茎，并在匍匐茎尖端长出新的无性系小株，当匍匐茎长到一定长度后，前端的芽逐渐分化，长出嫩叶形成新的分株（图3-1），匍匐茎不断伸长，可使子株远离母株50厘米以上。水葫芦在春夏条件适宜时扩展蔓延速度极快，植株数量可在5天内增加1倍，1株水葫芦个体可发展成莲座性水葫芦种群（Center and

Spencer，1981）。无性繁殖还可以靠叶腋抽生匍匐茎，在匍匐茎的顶端长出新株，新株经一段时间生长后又可长出新株，依次不断繁殖，生长很快。水葫芦的无性繁殖能力很强，水葫芦通过无性繁殖在河流、湖泊和池塘大量繁殖，每年每公顷干重产量可达50吨。研究发现，在富营养化内河中，水葫芦通过无性繁殖单月生物量累积可达9.42倍，分蘖数可达3.67倍，最大密度约为55.7千克/平方米，分蘖数量约为133个/平方米，其具有强大的无性繁殖能力，是生产力最大的植物之一（陈兴，2011）。

图3-1　水葫芦可通过匍匐茎进行繁殖（付卫东摄）

水葫芦在其原产地还可以通过种子进行有性繁殖，5～11月水葫芦开花后，花向下弯曲产生果实，果实成熟后散落水中，使种子得以释放，种子具有极强的生命力。每个“种子囊”通常含有不多于50粒种子，每个花序产生的种子数量在300粒以上，而1个莲座每年可以产生若干花序。水葫芦种子个体小，寿命长，一旦沉入水底，即可成为有活性的沉积物，这种活性可以在水体中维持15 ~ 30年。水葫芦种子在潮湿的沉积物上或温暖的浅水中都可以发芽，发芽之后10 ~ 15周即可以开花（Forna and Wright，1981）。目前我国仅在南海发现具有活性的种子。

二、水葫芦的开花特性

水葫芦从幼苗至第一次开花需要一个基本营养生长期。研究表明，在自然条件下，水葫芦营养生长在不足13片叶片时不会开花，营养生长达到13片叶片以后，在遭遇连续5天日均温度达到31℃以上的情况下，将会生长出1片变态小叶，变态小叶即花序轴的包叶，其伸长后便会开花（图3-2）；花后植株在接下来的生长过程中遇到连续5天日均温度达到31℃以上时便会再次开花，但两次开花之间需要一个营养生长阶段（王子臣等，2011）。

图3-2 盛花期的水葫芦
（付卫东摄）

三、水葫芦的生活史

水葫芦繁殖能力强，环境适应能力强，在南方适宜温度下可整年发生，是明显的单一优势种，常年覆盖水面。在浙江宁波地区，每年从5月开始植株的高度随气温的迅速升高而增加，叶片宽度也有所增加，但随着植株个体的增大，密度开始减小；至9月，植株高度达到最大（最高为88厘米），密度也降至最低（3.4×10^5株/公顷）；从10月开始，随着秋季的到来、气温渐低，其老叶或老植株死亡，新叶或新植株长势缓慢或停止生长，植株高度开始下降。在温度较低地区的冬季，水葫芦虽茎叶枯黄，但植株中央和基部仍保持绿色，春季温度回升后，大量新分枝出现（但新分株较矮，最小为29厘米），密度开始增加，至5月达到顶峰，密度最高为1.14×10^6株/公顷。水葫芦开花期为7～9月，果期为8～11月（段惠等，2003）。

在上海，每年的3～5月，为水葫芦的萌芽阶段，一部分隐藏在芦苇等植物丛中得以成功越冬的水葫芦腋芽开始萌发，挺出水面。到7月中下旬，水葫芦种群已经扩展到相当规模，并开始在河道内漂移。进入8月，水葫芦开始暴发性生长，成熟母株通过无性繁殖平均3～5天就可以产生一代幼苗，而幼苗仅需3～5天即可成熟壮大，又可以产生新的分株（金樑等，2005）。

四、水葫芦的生物学多态性

通过采集来自鱼塘、污水沟、池塘和清水饲养的水葫芦植株，分别观察根、茎、叶的形态、大小，发现水葫芦具有很强的生长能力，其生物学特性具有多态性。具体表现为：水葫芦在有根系和不带有根系的情况下都能萌发新根。水葫芦的叶片形态具有多态性。多态性的表现程度与养殖的水质相关。水葫芦的叶片生长具有多态性，有独立成叶的或者带有包叶等，并且其中部分叶片在生长过程能形成新的根状茎，长出上长下短的新根，从而发育成新株（郑李军、傅明辉，2015）。

第二节　生态学特性

一、生态适应性

水葫芦喜群生，往往形成单一的优势群落。其适应性强，喜高温湿润气候。适宜在静水或缓慢流动的水面生长，耐荫蔽，在微弱的光照下就能生长，对酸和碱不敏感，在pH 9的水体中仍能正常生长；对水质肥瘦要求不严；能耐5℃左右的低温，也能耐短期0℃的低温，气温在13℃开始生长，25℃以上生长较快，

30℃左右时生长最快，39℃以上难以生长。在热带、亚热带地区，水葫芦可以全年生长，自然越冬；在冬季寒冷的地区，则生长期只有6～7个月（谢桂英、郭金春，2005）

（一）生境适应性

水葫芦在很多生境中均可生长，水库、湖泊、池塘、沟渠、流速缓慢的河道等淡水环境是其最为适宜的生境，它在稻田也常发生而成为害草。另外，在沼泽地及其他低湿的地方，水葫芦也可生长繁殖，富营养化的水体对水葫芦的生长繁殖具有促进作用。水葫芦适宜在pH 7、磷含量20毫克/升、水体氮含量足够高、温暖（28～30℃）和高光照度条件下，生长繁殖的速度会成倍增加（万方浩等，2005）。另外，水葫芦还可与其他水生杂草生长在一起，如大薸、水花生，增加了防治难度，还可以为入侵有害生物如福寿螺提供产卵场所（图3-3～图3-5）。

（二）表型可塑性

外来物种进入新环境后具有较强的适应能力，是其生存繁殖的必要条件，这种适应环境的能力广泛存在于生物中，并通过生理和形态等特征的变化表现出来，这就是表型可塑性（宫伟娜等，2009）。许多研究证明，外来入侵植物的入侵性与表型可塑性相关。研

图3-3 水葫芦与大薸（付卫东摄）

图3-4 水葫芦与水花生（付卫东摄）

图3-5 水葫芦为福寿螺提供产卵场所（付卫东摄）

究发现，水葫芦在低营养浓度条件下，根系长而多，植物生物量主要在根部，植株矮小，叶片小；在富营养浓度条件下，根系短而少，更多生物量分配到叶部，植株高大，叶片肥大鲜绿（图3-6）。这种表型可塑性

图3-6　不同形态的水葫芦（付卫东摄）

反应，在一定程度上提高了水葫芦对外界环境的适应能力。水葫芦在缺钾、缺氮的水环境中，其可塑性呈现为株高变矮、侧根系变长、叶片变薄和变小等可塑性反应来使得其能正常生长；在不适宜的重金属环境中，水葫芦矮小、根系萎缩、叶片变小，通过这些表型特征的变化来适应极端环境（陈兴，2011）。

通过调查福建省水质条件与水葫芦生长的关系发现，福建省各水域水质条件下，随着总氮和总磷含量的增高，水葫芦的长势逐渐增强。氮是影响水葫芦生长的关键因素，主要促进水葫芦的向上生长，提高总生物量；磷促进水葫芦分裂和横向生长，提高水葫芦匍匐茎数和叶柄数（周喆，2008）。

二、越冬习性

水葫芦在我国长江流域以南的地区均可生长越冬，根据我国气候特征，在海南以及广东、广西、云南和福建的部分地区，年平均极端气温在0～8℃，1月平均气温在10～18℃，水葫芦生长虽受到低温影响，但生长不会停止；在福建北部和浙江、江苏、上海、湖南等地，由于1月平均气温在5～10℃，年极端气温在–5～0℃，冬季水葫芦受霜冻茎叶枯死，但水下根部仍可存活越冬，第二年随气温回升水葫芦种群迅速扩张；在湖北、江苏、安徽北部和河南南部，由于冬季温度偏低，水葫芦虽可越冬但种群越冬存活基数小。

霜冻可使水葫芦植株茎叶死亡，但植株根部仍保持绿色并不死亡，可顺利越冬。即使根部受到霜冻，部分组织受损，植株仍能存活。但如果植株受冻时间延长，则植株会死亡。翌年气温变暖，水葫芦开始返青，水葫芦再次发生危害。1月平均温度低于10℃或水温超过33℃的条件下，水葫芦生长受到抑制。

三、生物控制因子

在自然条件下发现，水花生可抑制水葫芦的生长，甚至导致其死亡。室内研究表明，很小比例的水花生在15 ~ 20天内即可显著抑制水葫芦生长，使水葫芦叶片黄化，约30天后植株死亡。此外，当水葫芦存在时，水花生的生长比其单独生长时更加旺盛。经研究发现，水花生对水葫芦的抑制作用是由于水花生植株的水溶性分泌物抑制了水葫芦根部对营养物质的吸收(Dhanapal，2000)。

河蟹对水葫芦生长的影响试验结果发现，河蟹对水葫芦的叶面增宽减少近39.1%，叶柄变矮达75%，植株分蘖控制率达25%（江锦坡等，2002）。

第四章 水葫芦检疫检验方法

植物检疫措施是控制水葫芦传播扩散、蔓延危害的首要技术措施，农业植物检疫机构对水葫芦植物活体、种子、根茎及可能携带其种子、根茎的载体、交通工具的检疫检验和检疫处理，有助于防止水葫芦在我国扩散蔓延，也有助于防止水葫芦向其他国家和地区传播，维护我国的负责任大国的形象。

第一节 检疫检验方法

一、调运检疫

一般指从疫区运出的物品除获得有关部门许可

外均须进行检疫，检查调运的动物（主要为水生动物）、植物和植物产品（主要为水生植物种子、种苗等）中是否携带水葫芦根、茎，有无附着水葫芦种子，检验各种船只是否携带水葫芦根、茎，有无附着水葫芦种子。

（一）应检疫的物品

1.植物和植物产品　未经加工或经过加工但仍可能携带活体有害生物的产品，如各种粮食、水果、水生植物和水产品等。该类产品主要是通过贸易流通、科技合作、赠送、援助、旅客携带和邮寄等方式进出境。

2.水体及介体　使用过的运输器具/机械、车船；在存放时，曾与水体接触的水草和农作物秸秆和水体垃圾等。

3.装载物、运输工具及其他检疫物品　在植物和植物产品流通中，需要使用多种多样的装载容器、包装物、铺垫物、运载车辆和船只。

（二）检疫方法

1.设置检疫站点　经省级以上人民政府批准，疫区所在地植物检疫部门可在水葫芦疫区选择适当的地点或主要交通道路、河运交界处等设立固定检疫点，重点对经过尤其是从疫区驶出或驶入的可能运载有应检物品的车辆、船只和货船等进行检查。

检查与取样方法：植物检疫人员发现应检疫的物品时，应向运输、携带的人员或物品来源地区，如来自疫区，核查植物检疫证书、运输物品与检疫证书是否一致。

2.现场查验　对应检物品进行详细检查，如需抽样，则进行抽样检查。若发现水葫芦种子、根、茎，收集标本，并注明农业植物调运检疫单编号、物品类型、产地、日期、采集人及发现情况。若目视法辨别不出，则应将应检物抽样带回实验室，借助于仪器检查和鉴定现场查验时发现的疑似水葫芦物品的种类与数量。

二、产地检疫

（一）检疫地点

由县级植物检疫机构派出专业人员，重点调查江、河、湖泊、湿地、水库等，除调查水域水面是否有水葫芦外，还应调查水域岸边是否有水葫芦发生。

（二）检疫方法

在水葫芦生长期或开花期，到可能生长地进行探查，根据该植物的形态特征进行鉴别。发现疫情后，应立即报告给当地农业检疫部门和外来入侵生物管理部门。

第二节 鉴定方法

在产地检疫过程中，发现疑似水葫芦的植物要通过以下几个方面进行鉴定：

一、鉴定是否为雨久花科

多年生水生或沼泽生草本植物。叶出水、浮水或沉水，基部成鞘。花两性，辐射对称或两侧对称，排成穗状花序、总状花序或圆锥花序，生于佛焰苞状叶鞘的腋部；花被片6，花瓣状，分离或下部连合成筒；雄蕊6枚或3枚，稀1枚，着生于花被筒上；花丝分离，花药具有4个孢子囊，纵裂，稀为顶孔开裂；花粉粒有2（3）核，具1或2（3）沟；雌蕊大多数由3心皮组成，子房上位，3室，中轴胎座，或1室具3个侧膜胎座，胚珠多数至单生。果为蒴果或小坚果；种子具纵肋，有丰富胚乳和直胚。染色体基数x=8、14、15。

二、鉴定是否为凤眼莲属

一年生或多年生浮水草本，节上生根。叶基生，莲座状或互生；叶片宽卵状菱形或线状披针形，通常具长柄；叶柄常膨大，基部具鞘。花序顶生，由2朵至多朵花组成穗状；花两侧对称或近辐射对称；花被漏斗状，中、下部连合成或长或短的花被筒，裂片6

个，淡紫蓝色，有的裂片常具1黄色斑点，花后凋存；雄蕊6枚，着生于花被筒上，常3长3短，长者伸出筒外，短的藏于筒内；花丝丝状或基部扩大，常有毛；花药长圆形；子房无柄，3室，胚珠多数；花柱线形，弯曲；柱头稍扩大或3～6浅裂。蒴果卵形、长圆形至线形，包藏于凋存的花被筒内，室背开裂；果皮膜质。种子多数，卵形，有棱。

三、解剖镜下检验

在10～15倍体视解剖镜下检验。根据水葫芦的特征，鉴定是否为水葫芦（详见第一章）。

四、分子检测

利用分子生物学如DNA条形码技术，可以利用一段或几段DNA序列实现水葫芦的快速鉴定。该方法准确性高，以DNA序列为监测对象，其在个体发育过程中不会改变，是传统分类学的有效补充。常用的DNA序列有psbA-trnH、rbcL、MatK、rpoCI、ITS，目前该方法仅适合实验室中进行。

第三节　检疫处理方法

在调运检疫或复检中，发现水葫芦的根、茎、叶或种子应遵照植物检疫法律法规的规定对货物进行处理，并调查调运货物的来源，追踪到水葫芦根、茎、叶或种子的来源地，将疫情通报给植物和植物产品调运目的地的农业植物检疫部门和农业外来入侵生物管理部门。

产地检疫中发现水葫芦，应根据实际情况，启动应急预案，立即进行应急治理。疫情确定后，按预案应将疫情通报给植物和动物产品调运目的地的农业外来入侵生物管理部门和农业植物检疫部门，防止水葫芦进一步扩散。

对于调运检疫追查到的和产地检疫中新发的水葫芦要采取紧急措施，采取最终灭除的方式进行防治。在新发、暴发区进行化学药剂直接处理，防治后要进行持续监测，发现水葫芦再根据实际情况反复使用药剂处理，直至不再发现或经专家评议后认为危害水平可以接受为止。

如果利用相关机械如打捞船等机械物理铲除水葫芦，必须采取措施以确保所用机械无水葫芦，并及时清洗相关机械和工具，以防止水葫芦的传播扩散。

第五章 水葫芦调查与监测方法

第一节　调查方法

一、访问调查

向当地居民、渔民或在相关水利、河道、湖泊和淡水养殖管理部门工作的人员询问有关水葫芦发生地点、发生时间、危害情况，分析水葫芦传播扩散情况及其来源。每个社区或行政村询问调查5人以上，在实地踏查前，采取调查询问及问卷调查的方式向当地农业、水利部门及居民获取有关信息。对询问过程发现的水葫芦可疑存在地区，进行实地调查。水葫芦发生情况调查问卷见表5-1。

表5-1 水葫芦发生情况调查问卷

调查时间：________________调查地点：________________

调查人：__________________联系方式：________________

被调查人/机构信息名称：________________________________

序号	问题	回答情况
1	您知道水葫芦吗?	
2	您知道水葫芦还有别的名字吗?	
3	您在哪些地方发现过水葫芦?	
4	您在何时发现过水葫芦?	
5	水葫芦发生面积有多大?	
6	水葫芦是什么时候通过什么方式传入的?	
7	这种植物对您（们）的生活、工作/劳动有影响吗?	
8	牲畜取食这种植物吗?	
9	这种植物入侵鱼塘、湖泊对鱼虾的生长影响大吗?	
10	这种植物入侵河道后有没有造成水体污染，引起恶臭?	
11	您（们）知道防治水葫芦的方法吗?	
12	您（们）希望、支持或愿意协助政府/技术部门采取措施控制这种植物吗?	

二、实地调查

1.调查地域　调查江河、湖泊、运河、渠道、水库、水塘及其管理范围和水工设施。

2.调查方法　在工具、水流等允许的情况下，用GPS定位仪围测确定水葫芦发生区域的地理信息和面积，取样测定其发生密度，调查水葫芦对水质、水生动植物、航运、灌溉等的影响方式和程度。在受调查工具、水流等条件的限制下无法实地调查的水域，可以估计其发生范围、面积、密度及其对水质、水生动植物、航运、灌溉等的影响方式和程度。

3.面积计算方法　持GPS定位仪沿水葫芦分布边界定点记录位置数据，根据数据计算围测面积；无法用GPS定位仪围测面积的水域中的水葫芦，可采用目测法估计发生面积。

4.危害等级划分

等级1：覆盖度＜10%。

等级2：覆盖度10%～30%。

等级3：覆盖度>30%。

覆盖度为水葫芦实际发生面积占调查水域面积的百分比。

5.调查统计表　对实际调查的情况进行统计（表5-2），并对统计结果进行汇总（表5-3），为下一步的治理提供翔实的资料。

表5-2 水葫芦潜在发生区踏查记录表

踏查日期：_____ 监测点位置：_____省 _____ 市_____县 _____乡（镇）/街道_____村
经纬度：_____表格编号[a]：_____踏查人：_____
工作单位：_____ 职务/职称：_____
联系方式：固定电话 _____移动电话_____电子邮件_____

踏查生境类型	踏查面积（公顷）	踏查结果	备注
合计			

[a] 表格编号由监测点编号+监测年份后两位+年内踏查的次序号（第n次踏查）+6组成。

表5-3 水葫芦调查情况统计表

序号	市（州）	县个数	负责人	危害等级	调查生境发生面积（公顷）			
					河流	湖泊、水库	沟渠、池塘	其他
1								
2								
3								
4								
5								

科研人员实地调查水葫芦发生情况见图5-1。

图5-1 科研人员实地调查水葫芦发生情况（何中富摄）

第二节　常规监测方法

一、监测区的划定

发生水葫芦的湖泊、水库等水流缓慢的水域，周围5 000米的水域范围划定为监测区；江、河等水流迅速的水域，下游10千米范围内的水域划定为监测区。在开展监测的行政区域内，依次选取20%的下一级行政区域直至乡（镇）（有水葫芦发生），每个乡（镇）选取3个行政村，设立监测点。水葫芦发生的省、市、县、乡（镇）或村的实际数量低于设置标准的，只选实际发生的区域。

二、监测方法

在工具和水流允许的情况下，监测人员进入水域观察是否有水葫芦发生，发现水葫芦后，记录其发生位置、发生面积、危害状和危害程度；无法进入水域时，利用望远镜或直接目测，间隔1个月对监测区域进行1次调查并记录。

1. 样方法

(1) 在监测点选取1 ~ 3个水葫芦发生的典型生境设置样地，在每个样地内选取20个以上的样方，发生在一些较难监测的水域生境，可适当减少样方数，但不低于10个。

(2) 根据监测点样地水域的大小、形状、深度、水源、出水口、水葫芦分布情况和周围的环境情况，将监测样地分为不同的区域，在这些不同的区域选择能代表该区域特性的地点，布设采样点和采样断面。采样断面应平行排列，也可为Z形。

(3) 采样点和断面的样方数，可按该区域占样地的区域比例和样方的总数量计算，各采样点和断面样方数=总样方数 × 各区域面积/样地总面积。

(4) 每个样方面积0.25 ~ 1平方米。

(5) 对样方内的所有水生植物种类、数量及盖度进行调查，调查的结果按表5-4的要求记录和整理。

(6) 该方法多用于水葫芦发生面积较大的水域，如湖泊、大型水库等生境。调查的结果按表5-4的要求记录和整理，并将调查结果汇总于表5-5中。

表5-4 水葫芦监测样地调查结果记录表

调查日期：________________表格编号[a]：________________
调查小区位置：____省____市___县___乡（镇）/街道 ____ 村
经纬度：_____调查小区生境类型：_____ 样地大小：_____（平方米）
样方序号：_____调查人：_____ 工作单位：_____职务/职称：_____
联系方式：固定电话 _____ 移动电话_____电子邮件_____

植物种类序号	植物种类名称	株数	盖度[b]（%）
1			

（续）

植物种类序号	植物种类名称	株数	盖度[b]（%）
2			
3			

[a] 表格编号由监测点编号+监测年份后两位+样地编号+样方序号+1组成。确定监测点和样地时，自行确定其编号。

[b] 样方内某种植物所有植株的冠层投影面积占该样方面积的比例，通过估算获得。

表5-5 水葫芦潜在监测样地调查结果汇总表

汇总日期：＿＿＿＿＿＿＿表格编号[a]：＿＿＿＿＿＿＿
汇总人：＿＿＿工作单位：＿＿＿ 职务/职称：＿＿＿＿＿＿＿
联系方式：固定电话＿＿＿移动电话＿＿＿电子邮件＿＿＿

植物种类序号	植物种类名称	样地内的株数	出现的样方数	样地内的平均盖度（%）
1				
2				
3				

[a] 表格编号由监测点编号＋监测年份后两位＋样地编号+99+2组成。

2. 样线法

（1）在监测点选取1～3个水葫芦发生的典型水域设置样地，根据水域类型的实际情况设置样线，常见水域中样线的选取方案见表5-6。

（2）每条样线选50个等距样点，设置50个样方。

（3）每个样方面积0.25～1平方米。

（4）记录样方内植物种类及株数，按表5-7的要求记录和整理。

（5）该方法多用于水葫芦发生面积较小的水域，如水稻田、池塘等。

最后，按表5-7的要求记录和整理，并将调查结果进行汇总，记录于表5-8中。

表5-6　样点法中不同生境中的样线选取方案

单位：米

生境类型	样线选取方法	样线长度	点距
水稻田	对角线	50～100	1～2
江、河	沿两岸各取一条（可为曲线）	50～100	1～2
河道	沿两岸各取一条（可为曲线）	50～100	1～2
沟渠	沿两岸各取一条（可为曲线）	50～100	1～2
湖泊	对角线，取对角线不便或无法实现时可使用S形、V形、N形、W形曲线	20～100	1～2
水库	对角线，取对角线不便或无法实现时可使用S形、V形、N形、W形曲线	20～100	1～2
池塘	对角线，取对角线不便或无法实现时可使用S形、V形、N形、W形曲线	20～100	1～2
湿地	对角线，取对角线不便或无法实现时可使用S形、V形、N形、W形曲线	20～100	1～2

表5-7 水葫芦监测样线法调查结果记录表

调查日期：__________表格编号[a]：__________
监测点位置：____省____市____县____乡（镇）/街道____村
经纬度：____水域类型：____样地大小：______（平方米）
调查人：____工作单位：____职务/职称：________
联系方式：固定电话______移动电话______电子邮件____

样点序号[b]	植物名称I	株数	植物名称II	株数	植物名称III	株数	…
1							
2							
3							

[a] 表格编号由监测点编号＋监测年份后两位＋水域类型序号+3组成。水域类型序号按调查的顺序编排，此后的调查中，水域类型序号与第一次调查时保持一致。

[b] 选取2条样线的，所有样点依次排序，记录于本表。

表 5-8 水葫芦监测样线法调查结果汇总表

汇总日期：______水域类型：______表格编号[a]：______
监测点位置：____省____市____县____乡（镇）/街道____村
汇总人：______工作单位：______职务/职称：______
联系方式：固定电话______移动电话______电子邮件______

植物种类序号	植物名称	株数	频度[b]
1			
2			
3			
4			
5			

[a] 表格编号由监测点编号＋监测年份后两位＋水域类型序号+4组成。

[b] 存在某种植物的样点数占总样点数的比例。

三、发生面积调查方法

(1) 对发生在水稻田、小型水库、池塘等具有明显边界的水域内的水葫芦，其发生面积以相应水域的面积累计计算，或划定包含所有发生点的水域，以整个水域的面积进行计算。

（2）对发生在江、河、沟渠沿线等没有明显边界的水葫芦，持GPS定位仪沿其分布边缘走完一个闭合轨迹后，将GPS定位仪计算出的面积作为其发生面积。其中，江、河堤的面积也计入其发生面积。

（3）对发生地地理环境复杂（如湿地等），人力不便或无法实地踏查或使用GPS定位仪计算面积的，可使用目测法、通过咨询当地国土资源部门（测绘部门）或者熟悉当地基本情况的基层人员，获取其发生面积。

（4）调查的结果按要求记录于表5-9中。

表5-9　水葫芦监测样点发生面积记录表

监测点位置：_____省_____市_____县_____乡（镇）/街道______村
经纬度：________________ 表格编号[a]：________________
调查日期：________________ 工作单位：________________
职位/职称：________________
联系方式：固定电话________ 移动电话_____ 电子邮件________

水域编号	发生面积（公顷）	危害对象	危害方式	危害程度	防治面积（公顷）
1					
2					
3					
合计					

[a] 表格编号由监测点编号+监测年份后两位+年内踏查的次序号（第n次踏查）+6组成。

四、样本采集与寄送

在调查中如发现疑似水葫芦，将疑似水葫芦用70%酒精浸泡或晒干，标明采集时间、采集地点及采集人。将每点采集的水葫芦集中于一个标本瓶中或标本夹中，送外来物种管理部门指定的专家进行鉴定。

五、调查人员的要求

要求调查人员为经过培训的农业技术人员，掌握水葫芦的形态学特征、生物学特性、危害症状以及水葫芦的调查监测方法和手段等（图5-2）。

图5-2 调查人员对水葫芦形态及防治情况进行调查（①付卫东摄，②③张国良摄）

六、结果处理

调查监测中，一旦发现水葫芦，严格实行报告制度，必须于24小时内逐级上报，定期逐级向上级政府和有关部门报告有关调查监测情况。

第三节　无人机与遥感监测

目前，外来入侵植物遥感监测方法主要有以下几种：

1. 图像识别法　是植被遥感监测领域中最为直接的分类方法之一，主要利用植被群落冠层在传统可见光波段的图像特征，进行信息分类提取（Everitt et al., 2001）。

2. 高光谱监测法　是在电磁波谱的可见光、近红外、中红外和热红外波段范围内，获取许多非常窄的光谱连续影像数据的技术。由于其光谱分辨率高、波段多、信息量丰富的特点，已成为外来物种监测识别利器（孙玉芳等，2016）。

3. 雷达数据辅助识别法　激光雷达传感器可以很方便、高效地测定植被冠层的三维图像，获取植被群落的高度信息，并与其他遥感数据源结合使用，进行外来入侵物种的监测（孙玉芳等，2016）。

4. 中低分辨率时序序列数据分析法　是指空间分

辨率不高，且具有物理一致性、时空统一性的长期科学数据集合。该方法适用于较大空间尺度上的植被外来物种入侵监测，监测结果空间定位能力差，很难在小尺度区域上应用（孙玉芳等，2016）。

水葫芦在某地越冬残存活种群数量的大小，是评价水葫芦能否发生危害和进行早期监测预警的重要指标。Everitt等（1999）利用水葫芦的光反射特征（即水葫芦比相关其他植物和水体具有较高的近红外线反射、反射图像呈亮橘红色）并应用GIS和GPS技术，通过计算机分析，绘制水葫芦的分布图，及时掌握水葫芦发生动态，进行早期监测预警，指导防治。

孙玲等（2011）根据从卫星遥感影像或全球定位系统获得的水葫芦面积变化数据，对在开放水域中大面积放养水葫芦的面积变化的研究，建立了放养水葫芦生长的Logistic 动力学模型来估算水葫芦面积，该模型准确模拟了水葫芦生长的动力学特征。这种基于面积变化的模型也为水葫芦生长的科学管理和采收提供了新的理论基础和技术支持，对目前在太湖、巢湖和滇池等大型湖泊放养水葫芦等具有生态修复功能的水生植物的研究具有积极的意义，也可作为新的研究方向。

陈潇等（2012）使用卫星遥感影像数据(CEBERS

CCD、LANDSAT TM/ETM +)，通过建立端元的混合象元线性分解模型，同时结合该地区水葫芦新闻报道的资料，构建其干流－支流分布的空间结构，针对福建省水口水库不同时间、区域的水葫芦分布特征进行系统分析。

无人机低空遥感是传统航空摄影测量手段的有力补充，具有空域申请便利、受气象和起降场地限制小、应用范围广、作业成本低、生产周期短、图像精细等特点。随着无人机平台、载荷设备及数据处理软件技术的发展，无人机低空遥感对快速获取高空间分辨率影像具有明显的优势，目前利用无人机监测水葫芦发生及防治等方面已得到推广使用（图5-3）。

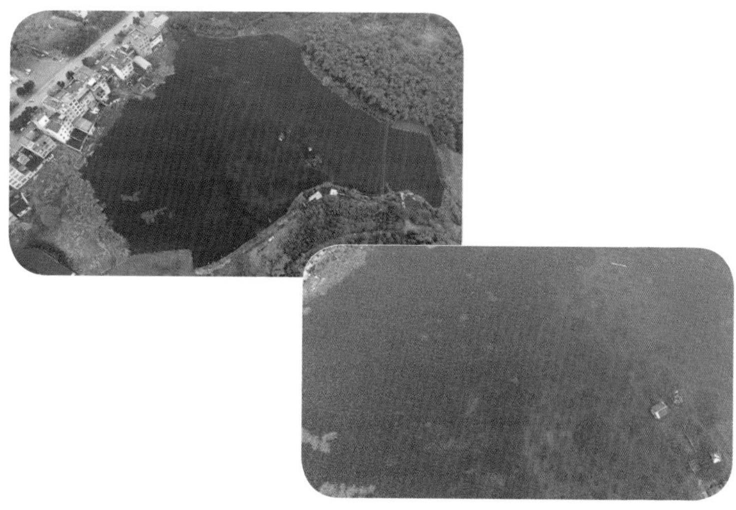

图5-3　利用无人机监测水葫芦发生防治情况（何金富、罗翠婷供图）

第六章 水葫芦防治技术

采取“预防为主、综合防治”的原则，以较低的成本，将水葫芦控制在可接受的危害水平之下，或对其进行根除。目前，关于水葫芦的防治主要集中在人工打捞等物理防治、化学防治及生物防治，采取以生物防治为主，物理、化学防治为辅的水葫芦防治技术策略，根据水葫芦发生的不同生境及危害程度制定具体的综合防治方法。

第一节 物理防治技术

一、人工和机械打捞

人工和机械打捞控制水葫芦是最为传统的防治方

法，主要是通过各种打捞工具、器械将水葫芦打捞出水面，然后填埋处理或加以利用。物理防治对环境安全，短时间内也可迅速清除一定范围内的植株。

目前，国内外水葫芦打捞的工具、器械很多，简单的工具如竹筏、小木船再加上自制的打捞铁丝网等，效果较好的设备是集打捞、压缩、储存等多种功能于一体的大型清扫船。人工或机械控制水葫芦的优点相对直接，效果明显，打捞以后再把水葫芦深埋或加以利用。浙江省水利疏浚工程有限公司船厂研制的水面清漂船，在清除水葫芦的实践中取得了良好的效果。2002年，上海市从美国引进了一套收割设备，该设备由水生植物收割船、运输船、驳岸运输机三部分组成，每小时可清除70 ~ 80吨水葫芦，工作效率较高。另外，U形浮式拦草坝、塑料浮筒围草网等收集打捞设施也发挥了重要作用（吴文庆，2003；陈翠兰，2004；陈若霞，2005）。

在水葫芦入侵的初期阶段，当生物量和入侵的面积比较少时，采用人工或机械打捞，是一个很好的解决方法。在水葫芦发生严重的区域及水葫芦快速生长季节，出动大量的人力、物力打捞水葫芦，不仅效益低，而且打捞速度远赶不上水葫芦繁殖生长的速度。目前，我国每年用于打捞水葫芦的单项费用高达5亿 ~ 10亿元，打捞仍是解决水葫芦应急防控的主要方法和途径。但当水葫芦发生面积大时，物理防除后，如不妥善处理水葫芦残株，这些残株依靠无性繁殖有可能成为新的传播来源。此外，物理防治难以清除水中的种子，因此需要年年防治，效果不能持久。

机械防除及人工打捞水葫芦见图6-1、图6-2。黄浦江常年打捞水葫芦作业船见图6-3。

图6-1　机械防除水葫芦
（付卫东摄）

图6-2　人工打捞水葫芦（①②③⑤⑥付卫东摄，④毛波摄）

图6-3　黄浦江常年打捞水葫芦作业船（付卫东摄）

二、拦截阻隔

对于水葫芦发生的一些水域，选择出水口或入水口设置拦截带或拦截网，可以通过拉网拦截的方式对水葫芦进行控制。一方面，可以有效地阻止水葫芦继续随水流向周围扩散；另一方面，通过拉网可以集中对水葫芦进行化学用药，提高了防治效率（图6-4）。

图6-4　拉网拦截阻隔水葫芦（付卫东摄）

第二节　化学防治技术

化学防治水葫芦主要是利用环境友好性或选择性、

内吸性除草剂喷洒在水葫芦上以达到根除的目的，该方法具有效果迅速、应用方便、可大面积使用等特点，对于那些急需在短时间内恢复的水面、河道等生境，可采用国家登记注册的除草剂产品进行快速防控。使用农药时，应严格控制对水体的污染，按照《农药贮运、销售和使用的防毒规程》(GB 12475)、《农药合理使用准则》(GB/T 8321)、《农药安全使用规范　总则》(NY/T 1276) 等的规定进行。使用化学除草剂见效快，一些化学除草剂如2，4-D、草甘膦类产品在很多国家被用于防治水葫芦 (Patnaik and Das，1984; Dembele，1994)。对于人工难以到达的水域，可采用无人机进行喷药，可达到事半功倍的效果 (图6-5)。水葫芦发生区的化学防治措施可用药剂见表6-1。

图6-5　利用无人机喷药防治水葫芦（付卫东摄）

表6-1 防治水葫芦可用药剂列表

药剂	用量有效成分（克/公顷）	加水（升/公顷）	喷药方式
杂草克乐水剂	2 250	450	茎叶喷雾
41%草甘膦异丙胺盐水剂	615	450	茎叶喷雾
86% 2，4-D二甲胺盐水剂	1 290	450	茎叶喷雾
20%草甘膦油剂	1 800	450	茎叶喷雾
2.5%五氟磺草胺可分散油悬浮剂	56.25～112.5	600	茎叶喷雾

虽然使用化学除草剂防治水葫芦具有见效快、防治彻底等优点，但该方法缺点也显而易见：①化学除草剂通常只杀灭水葫芦植株，在热带地区难以清除水体中的大量水葫芦种子，所以需连续施用，防治效果难以持久。②使用化学除草剂防除水葫芦的同时，往往也杀灭了其他水生植物。③化学防除一般费用较高，通常为生物防治费用的40～50倍。④在很多水库、饮用水源区、湖泊和河道，一些化学除草剂由于存在污染水源的风险而被限制或禁止使用（江荣昌、姚秉琦，1989; 李扬汉，1998）。

第三节 生物防治技术

生物控制水葫芦是指利用水葫芦的天敌如昆虫、真菌，取食或寄生水葫芦，或者利用一些植物源生物生长调节剂，或者利用竞争性植物进行植物替代控制，最终达到抑制水葫芦生长的目的。早在20世纪90年代，世界上10多个国家取得生物防治水葫芦成功的经验。生物防治具有效果持久、对环境安全、防治成本低廉等许多优点。

水葫芦生物防治的基本原理是依据水葫芦与天敌之间的生态平衡理论，在水葫芦的传入地通过引入天敌因子重新建立水葫芦-天敌之间的相互调节、相互制约机制，恢复和保持这种生态平衡。

一、水葫芦天敌

美国早在20世纪60年代就开展了水葫芦天敌的调查及研究（陈志群，1996），随后其他被水葫芦入侵的国家和地区也纷纷开展这项研究工作。其中，防治较好的天敌主要有水葫芦象甲(*Neochetina* sp.)、水葫芦盲蝽（*Eccritotarsus catarinensis*）、水葫芦螟蛾(*Niphograpta albiguttalis*)和水葫芦叶螨(*Orthogalumna terebrantis*)等。

1. 水葫芦象甲　水葫芦象甲(*Neochetina eichhorniae* 和*N.bruchi*)，共2个种，是水葫芦较好的生防天敌，于20世纪70年代初经安全性测定后，由美国杂草生防联邦工作组(Federal Working Group for Biologieal Control of Weeds)及相关权威机构的批准后在美国释放，使水葫芦得到一定程度的控制（王庆海，2001)，目前被世界各国广泛地引种。

中国农业科学院生物防治研究所（现中国农业科学院农业环境与可持续发展研究所）自1995年开始生物防治水葫芦研究，从阿根廷和美国引进了水葫芦象甲，经寄主专一性测定，明确该象甲可在我国安全用于控制水葫芦（丁建清等，1998)。1995年，科研人员在云南昆明开展了利用水葫芦象甲防治滇池水葫芦的可行性研究，在释放水葫芦象甲3个月后，水葫芦的叶片大小、分枝数及繁殖量明显得到抑制。水葫芦植株叶片、叶柄、叶茎、根均受到水葫芦象甲的危害，植株组织受到破坏，叶片变黄，茎枯萎腐烂（图6-6、图6-7)，水葫芦种群被控制在危害密度之下（丁建清等，1998)。

可以利用水葫芦象甲与除草剂联合使用控制水葫芦，试验表明同时应用水葫芦象甲和农达控制水葫芦，可达到快速、持续的控制效果，但农达使用剂量应选择适当。在药量为415千克/公顷的综防处理区中，由于农达的作用，水葫芦植株在20 ~ 50天内大部分死亡，但水葫芦象甲也很快死亡，水葫芦象甲很难发挥有效的作用；在药量为0.45千克/公顷的综防处理区中，水葫芦象甲和农达同时作用，对水葫芦的叶片数、繁殖量和生物量起到了明显的抑制作用，与单独施用同样药量的化防区和只释放水葫芦象甲的生防区有显著差异，而且水葫芦象甲保持了一定的种群密度；而药量为0.045千克/公顷的综防处理区与只放水葫芦象甲的生防区控制水葫芦的效果一样（丁建清等，1999）。

水葫芦象甲防治效果见图6-8。

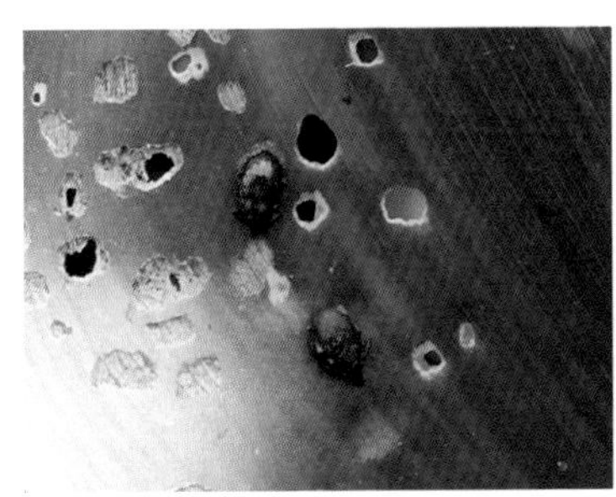
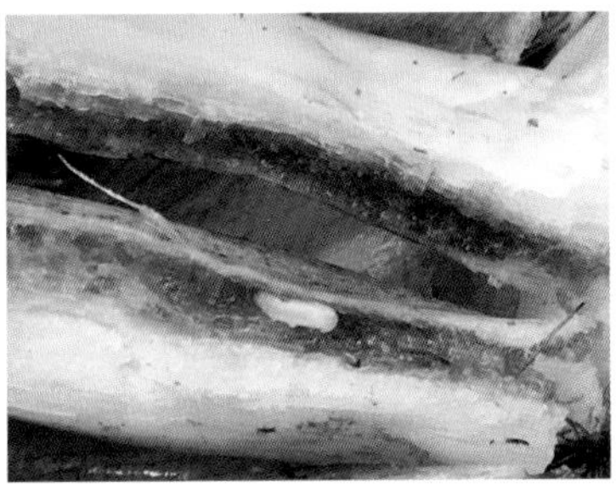

图6-6 水葫芦象甲成虫与幼虫取食水葫芦（付卫东摄）

图6-7　水葫芦被水葫芦象甲取食后的情况

图6-8　水葫芦象甲防治效果（①付卫东摄，②原中国农业科学院生物防治研究所水葫芦课题组摄）

2. 水葫芦螟蛾　水葫芦螟蛾为鳞翅目、螟蛾科昆虫，该虫1874年首次采集于亚马孙盆地的Rio Purus，在乌拉圭、特立尼达和多巴哥、圭亚那、苏里南以及巴西亚马孙盆地的水葫芦上均可采集到，对水葫芦具有高度的寄主专一性，幼虫只能在水葫芦上完成发育，野外调查未发现其危害有益植物（Cordo and Deloach，1978）。水葫芦螟蛾田间每年发生5代，每代发育历期为34天，繁殖速率极高。主要以幼虫取食水葫芦的花芽，可对水葫芦造成严重的侵害。雌虫的主要产卵部位是遭到破坏的叶组织，因此其可与造成叶组织大量损伤的水葫芦象甲共存，并具有一定的增效作用，目前该虫还未在国内进行应用。

3. 水葫芦叶螨　水葫芦叶螨主要发生分布在巴西北部、阿根廷、苏里南、圭亚那和牙买加以及美国的佛罗里达州和路易斯安那州，每年发生2～3代，在阿根廷对水葫芦表现出高度的寄主专一性，水葫芦叶螨的引进可以增加其他几种天敌对水葫芦的控制力度（Cordo and Deloach，1975、1976）。胡新军（2007）公布了一项利用绣球叶螨（*Tetranychus hydrangeae* Pritchard & Baker）来防治水葫芦的专利，通过在实验室人工大量培育绣球叶螨，并于当年6月以后接入水葫芦种群，以达到防治水葫芦的效果。

4. 水葫芦盲蝽　水葫芦盲蝽属半翅目、盲蝽科，一年可繁育多代，种群增殖率高，聚集取食，成虫寿命长，移动灵活便捷（图6-9）。当种群水平较高时，可引起水葫芦叶面褪绿黄化，最终导致叶片死亡。该虫于1989年由南非植物保护研究所的Neser博士在巴西里约热内卢的水葫芦上采集到并引入南非，于1997年在南非进行释放（Hill，1999），后进行补充性寄主范围测定发现盲蝽同样可危害鸭舌草。因此，适于在鸭舌草危害也较为严重的东南亚地区释放。

水葫芦盲蝽属热带昆虫，水葫芦盲蝽没有休眠和滞育特性，因此在我国华中地区水葫芦发生区域，由于冬季低温，该虫不能自然越冬。但适宜用于控制我国华南地区水葫芦的危害，福建大部分地区冬季温度低，水葫芦盲蝽虽可越冬，但早春种群基数低，不足以控制水葫芦的危害，在初夏人工释放助增一定数量的水葫芦盲蝽，可以达到周年控制水葫芦的危害。通过人工越冬保护水葫芦盲蝽，提高越冬种群基数，提高天敌控制效果。

图6-9　水葫芦盲蝽成虫（原中国农业科学院生物防治研究所水葫芦课题组摄）

5.地老虎　秦红杰等（2016）报道了利用地老虎防治水葫芦的研究，地老虎为鳞翅目、夜蛾科昆虫，其生活史分为卵、幼虫、蛹、成虫共4个阶段，主要通过幼虫啃食水葫芦叶片，并钻入水葫芦膨凸的茎内取食，向外排泄大量虫粪，造成膨凸的茎内因污染而引起腐烂（图6-10）。但地老虎是常见的农业害虫，可危害玉米、蔬菜、烟草、棉花等农作物，是一种多食性害虫，若用地老虎防治水葫芦，待其羽化成虫迁飞至周围蔬菜及作物，势必引起新的危害。因此，不建议利用地老虎进行防治水葫芦。

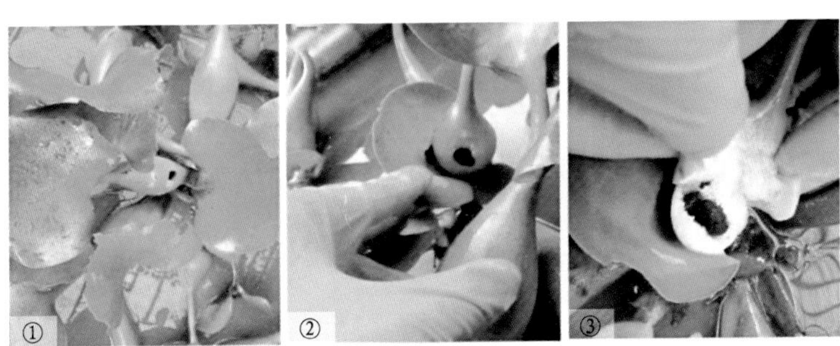

图6-10　地老虎取食水葫芦情况（秦红杰等，2016）
①叶片被地老虎蚕食呈锯齿状；② 膨凸的茎被虫体钻孔；③虫体在膨凸茎的内部。

6. 其他天敌　食草鲤鱼（*Ctenopharygodon idella*）已被引入水葫芦的生防计划中，为生防作用物的选择开拓了新的领域（Del Fosse et al., 1976; Camarena and Aguilar, 1999）。南非对其他一些生防作用物，如取食叶柄的蛾类昆虫（*Bellura densa* 和 *Xubida infusella*）、

双翅目昆虫（*Thrypticus* sp.）、直翅目昆虫（蚱蜢 *Cornops aquaticum*）等也进行了研究（Hill et al., 1998）。

二、植物源生物抑制剂

钟平生和李丹妮（2013）利用一种生物抑制剂防控水葫芦的中间性试验，在喷施生物制剂15天后，叶片、叶柄全面枯萎，98.65%叶片达到了5级枯叶效果，90%根系的枯根达到4级；25天叶片全部枯亡，35天根系基本死亡，45天根系全部死亡，55天后全部腐化分解；通过环境监测水质与水生生物监测结果表明，该生物制剂对其他水生生物不具杀伤力，对环境无害。

陈继平等（2015）以飞机草提取物为活性成分，以自制的生物炭、大孔硅胶或活性炭等市售的大孔吸附材料为载体，每克调控剂中含有多酚210～230毫克、黄酮420～450毫克，通过对水葫芦根系的生长产生促进或抑制作用，从而实现在不灭杀水葫芦的条件下，可持续地促进或抑制水葫芦生长繁殖，并保持水葫芦的飘浮状态和生长量及其水体治理等功效。

三、植物病原菌

目前，国内有较多关于利用生防菌防治水葫芦的研究，但目前只局限于生防菌的筛选及生物学特性研究，包括尾孢菌属（*Cercospora* sp.）、链格孢属

(*Alternaria* sp.)、拟盘多毛孢属（*Pestalotiopsis* sp.），还未应用于野外水葫芦防治（曹阳等，2011；胡丽、谭万忠，2013；王小欣等，2013；陈宏等，2016）。

国外研究中，Charudattan（1986）曾对病原菌和除草剂的配合使用进行研究，表明同时或先后应用病原菌*Cercospora rodmnnif*和亚致死剂量的2,4-D或敌草快，对水葫芦的控制效果均高于单独应用任何一种的效果。Kasno等（1999）综合应用水葫芦象甲（*N. bruchi*）和水葫芦枯萎病菌（*Alternaria eichhorniae*）防治水葫芦，发现二者协同作用的防治效果好于各自单独使用。病原菌*A. eichhorniae*对水葫芦的严重侵害不影响水葫芦象甲的产卵习性，但对其取食习性有一定影响。天敌昆虫取食造成伤口，病原菌侵入机会增多，水葫芦发病率提高，病害易于形成流行态势。

四、植物替代控制

植物替代控制是利用一种或多种植物的生长优势控制入侵杂草的方法，是控制外来杂草危害的有效途径之一。根据水葫芦的生长环境与生物学特性，选择一种或几种适宜水中生长的、生态位高、有一定经济价值及生态效益的植物，与水葫芦展开竞争，最终达到控制水葫芦生长的目的，目前筛选水生经济作物替代控制水葫芦的研究还处于试验起步阶段（图6-11）。

图6-11 利用替代控制水葫芦的研究与应用（付卫东摄）

第四节　综合防治技术

单独应用任何一种方法控制水葫芦都不能同时获得快速、持久的效果，因此近年来国际上开展了水葫芦综合治理技术的研究，并注重加强相关国际交流，如国际生物防治组织水葫芦工作组于1998年11月、2000年10月分别在津巴布韦首都哈拉雷、中国北京召开“生物和综合治理水葫芦学术讨论会”，对已释放天敌昆虫的互作机制、农药对天敌的影响等进行了探讨，国内也会定时召开生物入侵大会及杂草防治学术研讨会，讨论水葫芦等入侵杂草的综合防治。

一、生物防治与物理防治相结合

利用机械防除在短时间内压低水葫芦种群密度，但保留少量水葫芦作为天敌昆虫的食料来源，以维持一定的种群水平。随着天敌昆虫种群数量的增加，水葫芦就可能得到长久稳定的控制。

二、生物防治与化学防治相结合

在水葫芦发生区域80%的地方用药，保留20%的保护区作为天敌越冬的生境和食物来源，用于天敌种群增长，来年可以较好地控制水葫芦的重新扩散蔓延。因为除草剂的使用可以改善水葫芦的营养状况，从而激发水葫芦象甲生殖潜力，使之对水葫芦保持较高的控制压力，且大部分除草剂对水葫芦象甲安全（丁建清等，1999）。

三、物理防治与沤制绿肥相结合

机械或人工打捞的水葫芦，集中经沤制、腐烂后用作肥料，可间接降低防治成本，也可增强群众治理水葫芦的积极性。

四、不同生境综合防治措施

根据水葫芦发生的不同生态区域或生境，综合分析当地农业生产及生态气候条件、水葫芦发生情况、防治成本、预期的防治目标，采取不同的综合防治措施。

1. 水产养殖区　包括人工水产养殖池塘或湖泊、水库网箱养殖水域，可优先采取生物防治措施，辅助采用人工机械打捞措施。1月等温线低于10℃地区，当晚春或初夏最低气温回升到12℃以上时，每公顷水域释放$2.25 \times 10^4 \sim 3.0 \times 10^4$头水葫芦象甲成虫可控制其危害与蔓延。

2. 水源保护区　禁止使用农药的水源保护区，一律不得采用化学防治的方法进行控制。允许使用农药的水源保护区，根据允许使用的农药种类、剂量、时间、使用方式等规定进行防治。

在饮用水源地，采用人工或机械打捞措施，或辅以生物防治的方法进行长效控制。打捞或铲除的水葫芦应全部集中进行无害化处理。

3.湿地、湖泊　优先采取生物防治措施或机械打捞措施（图6-12），对于水葫芦发生面积大、种群密度高的，需采取应急化学防治时，可采用国家登记注册的除草剂产品进行快速防控。应分区施药，防止水葫芦大量死亡腐烂而导致的水中缺氧、鱼类死亡。

图6-12　工作人员人工打捞保护性湿地发生的水葫芦
（付卫东摄）

4.泄洪、河道、交通运输水道　可采用人工机械打捞措施，应急时可采取化学防治措施。当采用应急化学防治措施时，可采用国家登记注册的除草剂产品进行快速防控，防治河流浅水区的水葫芦。

五、不同地区水葫芦防控技术模式

在我国不同的水葫芦发生地区，应根据温度变化采取相应的防控对策。在广东、海南、云南和福建南部适宜采用“以释放水葫芦象甲为主”的防控模式；在福建北部、浙江、江苏、上海一带，宜采用“天敌+除草剂”的防控模式；在安徽、湖北北部、河南南部宜采用“以化学除草剂为主”的防控模式。富营养化严重的水体单独应用生物防治将具有一定的局限，应采用“天敌+化学除草剂”的防控模式才可能获得成功。限用或禁用化学除草剂的水体，应用“以生物防治为主”的防控模式（丁建清，2002）。

六、综合防控技术模式特点

由于生物防治具有期限较长的不足，从释放天敌到获得明显的控制效果一般需要几年甚至更长的时间，因此，利用化学农药与生物防治相结合的方法防除水葫芦，能起到事半功倍的效果，具有以下优点：

1. 速效性　在一些水葫芦发生量大的地方，有选择地使用一定品种和剂量的除草剂，以在短期内迅速抑制水葫芦种群的扩散蔓延，从而加快控制速度。

2. 持续性　由于除草剂只能取得短期防效，难以持久，因此，使用除草剂后，释放一定数量的水葫芦天敌并使天敌长期自我繁殖，并逐渐达到和保持水葫芦与天敌之间的种群动态平衡，取得持续控制水葫芦的结果。

3. 经济性　以生物防治为主的防治水葫芦的技术体系，在释放水葫芦天敌后，天敌可自我繁殖，建立种群，在达到一定数量后基本上不再需要人工增殖。因此，具有一次投资长期见效的优势，防治成本相对较低。

利用天敌防治水葫芦技术路线见图6-13。

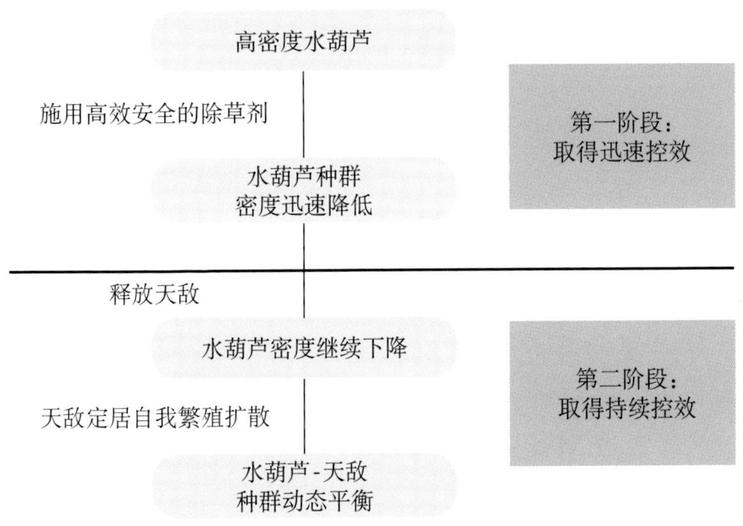

图6-13　利用天敌防治水葫芦技术路线

第七章 利用水葫芦象甲防治水葫芦技术

水葫芦象甲于20世纪70年代初经安全性测定后，由美国杂草生防联邦工作组（Federal Working Group for Biologieal Control of Weeds）及相关权威机构的批准后在美国释放，目前已在30多个国家和地区引进释放并成功控制了水葫芦的危害。水葫芦象甲共2个种(*Neochetina eichhorniae*和*N.bruchi*)，本章对水葫芦象甲的生物学习性、生态学习性、越冬繁殖技术及示范应用情况展开论述。

第一节 水葫芦象甲生物学习性

一、成虫

成虫体长3.4 ～ 4.9毫米；深棕色至黑色；前翅靠近背中缝处有2条明显的黑色隆起，着生位置在整个背部的前方；鞘翅翅沟窄，具明显的弯曲；*Neochetina eichhorniae*背部无明显的V形图案，另一水葫芦象甲*N. bruchi*具有V形图案。水葫芦象甲成虫取食水葫芦的表皮层和表皮下层，取食形成斑痕，平均4.13毫米，一般不穿透，喜食嫩叶。白天藏匿在舌状叶周围，或在植株基部附近幼芽处未卷曲的嫩叶片内，夜间开始活动。雌成虫寿命最长为161天，最短为29天，平均104天。成虫羽化交配后第一天即开始产卵，一般每孔只产1粒卵。产卵量差异较大，最大卵量为1 091粒，最小仅84粒，平均562粒。产卵期为20 ～ 159天，平均92天（丁建清等，2002）。

二、卵

椭圆形，白色半透明，外壳较软，长0.70 ～ 1.07毫米，宽0.40 ～ 0.50毫米。孵化期为1 ～ 15天，5 ～ 7天时孵化率最高，占总孵化数的39.46%；到10天时，孵化数已占总数的93%。卵历期6.3天左右（丁建清等，2002）。卵的发育起点温度为8.68℃，有效积温为148.24℃（王庆海，2001）。

三、幼虫

水葫芦象甲幼虫呈白色或乳白色，头部橘黄色。幼虫发育历期为26～38天，平均32天，化蛹率为90%。新孵化出的幼虫很快钻蛀到水葫芦纤维组织中取食，并向叶柄基部钻蛀，因此在基部往往发现2龄幼虫和3龄幼虫。幼虫一般单独发生，偶尔可见到2～3头幼虫一起取食。有的叶柄经幼虫取食后外面有明显的蛀孔，可能是从外转移来的幼虫钻入后留下。叶柄基部处往往腐烂。剖开植株基部，可见较宽的蛀食隧道。1龄幼虫转移能力较差，5天内发生转移的为11.9%，以后转移数量逐渐增多，到15天时转移为73.81%。老熟幼虫大部分都是在根部蛀入，寻找合适的化蛹位置，以保证其蛹的发育（丁建清等，2002）。幼虫的发育起点温度为8.62℃，有效积温为611.79℃（王庆海，2001）。

四、蛹

水葫芦象甲老熟幼虫从叶柄基部钻出，先取食根部，形成伤疤斑。然后把附近的根须密密地网在一起，卷成一个球状物，将虫体包在里面。约1周后在水下根部距水面1～2厘米处化蛹，预蛹期为5～7天。蛹包在浅褐色的几丁质的茧内，并与根的伤疤下方及根须球的下方相连接。有时老熟幼虫在其最后取食点的附近化蛹。幼虫的化蛹过程对外界条件要求相当严格，必须在水下、生长良好的水葫芦植株根部化蛹。在室内条件下，温度为25～28℃，相对湿度70%，光照12小时，整个蛹期25～30天，羽化率为73%。但据夏季室外观察，在气温30～35℃的条件下，蛹期仅20天（丁建清等，2002）。

五、生活史

在浙江温州自然条件下，水葫芦象甲年一年发生2代，并有明显的世代重叠现象。以成虫和幼虫越冬。4月初随着气温的迅速回升，新的水葫芦植株产生，水葫芦象甲成虫开始取食产卵。7月，第一代成虫羽化达到高峰，第二代成虫的羽化高峰期出现在9～10月。进入11月中旬后，由于气温的下降和霜冻，水葫芦植株叶部很快枯黄，水葫芦象甲活动开始减少。冬季，成虫一般藏在植株中央基部的鞘叶内或水面下植株的根部，幼虫则在植株叶柄基部内。越冬成虫和幼虫均有取食现象。水葫芦象甲趋向幼嫩和成熟健康的水葫芦植株取食产卵，成熟健康的水葫芦能同时满足水葫芦象甲的取食和产卵需求，是水葫芦象甲的最优寄主，而停留于衰老植株上的水葫芦象甲数目却极小（王庆海，2001；丁建清等，2002)。

不同虫态的水葫芦象甲见图7-1。

图7-1 不同虫态的水葫芦象甲（①②付卫东摄；③④原中国农业科学院生物防治研究所水葫芦项目课题组摄）
①成虫；② 幼虫；③ 蛹；④ 卵。

六、寄主专一性测定

通过对23个科、46种植物分别利用水葫芦象甲幼虫和成虫进行选择性、非选择性试验结果发现：水葫芦象甲只危害水葫芦；不论是水葫芦象甲的成虫或幼虫，接入供试植物后，绝大多数表现为拒绝取食直至死亡。个别成虫(或幼虫)在刚接入的一段时间，有轻微取食，但随后即拒绝取食或死亡。供试植物上幼虫平均寿命为212天，成虫为23.8天。而在水葫芦植株上，幼虫平均寿命为30 ~ 40天，成虫60 ~ 100天。在选择性试验中，绝大部分供试植物上的幼虫死亡，未死亡的幼虫也都转移到了水葫芦植株上；成虫在释放后第八天，有95.6%都转移到水葫芦植株上，其他成虫死亡。试验中除水葫芦外没有发现其他供试植物被取食和水葫芦象甲产卵现象（丁建清等，2002）。科研人员观察水葫芦象甲取食情况见图7-2。

图7-2　科研人员观察水葫芦象甲取食情况（原中国农业科学院生物防治研究所水葫芦项目课题组摄）

第二节 水葫芦象甲生态学习性

研究发现，温度、水葫芦植株营养条件对水葫芦象甲的生长发育和繁殖有明显的影响。当水温低于10℃时，水葫芦象甲的卵和幼虫的生长会受到极大的影响，几乎不能继续完成发育，而当水温在15～30℃，卵和幼虫则可存活、继续发育，温度越高，水葫芦象甲卵和幼虫的发育速率值越大，且随着温度上升，不同温度间的发育历期差距缩短，水温20～25℃是较适宜的发育温度，超过35℃时老熟幼虫高温致死，无法在水葫芦根部结茧化蛹，不能进入蛹期发育阶段（王庆海，2001；丁建清，2002）。

水葫芦的营养状况直接影响水葫芦象甲的生长发育，当水葫芦植株获得较高的氮营养时，水葫芦象甲蛹的羽化率最高，高浓度的磷对水葫芦象甲羽化也有一定的促进作用，而钾的影响则不明显。因此，水葫芦在用作天敌增殖食料时，应以施氮肥为主，配以适当比例的磷肥，少量的钾肥。

水葫芦象甲成虫取食水葫芦叶面和叶柄形成了密集取食斑，显著降低了水葫芦植株的光合作用。幼虫蛀茎，破坏茎的输导组织，蛀食后，茎秆中侵入大量水分，致使茎枯黄、变黑直至腐烂。由于成虫和幼虫的共同作用，水葫芦植株长势减弱，开花数量也显著下降，新分枝减少，繁殖率降低。水葫芦象甲密度达到6头/株时，水葫芦植株很快死亡。水葫芦象甲取食防治水葫芦情况见图7-3。

图7-3　水葫芦象甲取食防治水葫芦情况（付卫东摄）
①取食后的水葫芦叶片；②取食后的水葫芦茎秆；③取食后的茎秆内部；④取食后的根；⑤野生水葫芦（左）与取食后的水葫芦（右）；⑥水葫芦象甲防治情况。

第三节　水葫芦象甲越冬繁殖技术

一、原理

水葫芦象甲没有休眠和滞育特性，在高纬度地区不能自然越冬。水葫芦象甲在1月等温线10℃以下地区冬季成虫不能取食、交配、存活，需要通过采取越冬保种措施，提高水葫芦象甲越冬基数，为翌年提供足量天敌虫源。该方法适用于水葫芦象甲不能自然越冬的地区。

二、繁育时间

11月至翌年4月，水葫芦象甲在1月等温线10℃（北纬28°）以北，大部分地区不能自然越冬。因此，在冬季需人为繁殖和保育水葫芦象甲种群，以保证生物防治水葫芦的可持续性。

三、繁育方法

（一）温棚建造

1. 温棚选址　新建温棚棚址宜选择在排灌便利，离水葫芦自然发生地较近的地方，采用南北向，便于通风和增温。

2. 温棚构架　可选择跨度为6米的菱镁或钢管式棚架，按棚架间距1米、跨度6 米、顶高3.5米、肩高

2米、棚长25 ~ 30米的规格建棚。

3. 温棚覆膜　先在棚四周铺好50厘米宽的裙膜和防虫网，再铺设厚度为7丝的棚膜。裙膜的铺设主要是利于人工操作，实行大棚内温度的调节。棚膜铺好以后，要用压膜绳固定，并做好棚门。

湖北荆州水葫芦象甲越冬繁育基地见图7-4。

图7-4　湖北荆州水葫芦象甲越冬繁育基地（付卫东摄）

4. 育虫池建造　在温棚内挖掘水葫芦培育池，培育池宽内径宽2米、深0.6米以上，长度依据大拱棚确定。如建多个培育池，池间距不少于1米。挖掘沟槽产生的余土，将表层10厘米土壤留用。培育池四周用沙砖浆砌，池墙厚度12厘米，池壁和顶部表面用水泥砂浆抹平，池内做防水渗漏处理，建成后的培育池高出工作通道地面0.2米。

5. 弓棚建造　在建好的培育池上铺设小弓棚膜，选择长2.4米的竹弓，按竹弓间距0.5米的规格均匀地插在沟槽上，做到高低一致，然后再铺设厚度为0.04毫米的农膜，实行双膜覆盖保温，满足水葫芦象甲安全越冬对温度的需要（图7-5、图7-6）。

图7-5　水葫芦象甲越冬大棚内小拱棚（付卫东摄）

图7-6　水葫芦象甲繁育保温大棚，必要时需增加保温措施（付卫东摄）

6.添加肥水　将培育池开挖时留用的表层10厘米土壤去掉石块等坚硬杂质，按每吨土壤（干土）加入100～150千克腐熟农家肥（干肥）或40～50千克商品有机肥料（含有机质≥45%、氮磷钾≥5%），充分混匀，将配制好的土壤平铺于培育池内压实。将建好的培育池内灌水至水深0.6米，水面离池顶0.2米待用。

（二）水葫芦移栽

长江中下游地区一般在10月上旬，从自然水域采集株高为10～15厘米水葫芦健康幼株，摘除枯黄、病斑以及蚜虫、螟虫等虫斑的茎叶，水葫芦栽植密度以每平方米40～45株为宜，均匀地放入培育池内，以充分利用冬前有效的光照资源，促进水葫芦生长，保证水葫芦象甲在越冬期间有足够的食源；如果栽植时间晚，可适当提高水葫芦的栽植密度，以确保冬前水葫芦长满培育池为标准。

（三）水葫芦象甲采集

棚膜盖好后，在10月底或11月初从田间采集水葫芦象甲成虫或带有水葫芦象甲的水葫芦幼株，释放到大棚中，应根据释放时培育池中水葫芦的长势调整释放水葫芦象甲数量，一般每平方米释放50头，雌雄比1∶1左右。

水葫芦象甲采集并运输见图7-7。

图7-7 水葫芦象甲采集并运输（①②③付卫东摄，④村民摄）

（四）越冬温棚管护

1. 温湿度调节　释放水葫芦象甲以后，要根据冬季气温变化，及时采取通风降温、覆膜增温的方式，调节棚内温湿度，保持膜内温度在10～32℃；当棚内温度高于32℃时，开启裙膜通风降温；棚外温度低于4℃，加盖小弓膜，或增加保温措施如电暖器；低于0℃时加盖保温被，避免棚内温湿度过高或过低导致水葫芦象甲死亡。

2. 水肥管理　冬季培育池灌溉时，水温不低于10℃，保持培育池水位不低于50厘米。根据水葫芦长势，及时喷施尿素等复合肥。同时做好大棚保护，防止大风掀膜，大雪后要及时清扫积雪。

3. 害虫防除　棚内悬挂黄色粘虫板，及时清除水葫芦上的蚜虫、粉虱等害虫；每周观察一次水葫芦象甲的生长、取食、繁殖情况，做好记录。

4. 天敌密度调控　水葫芦象甲密度达到3头/株时，及时补充新鲜的水葫芦植株；被取食后枯萎或死亡的水葫芦，应待根部虫茧成虫羽化后再取出。

科研人员观察水葫芦及水葫芦象甲生长情况见图7-8。

图7-8　科研人员观察水葫芦及水葫芦象甲生长情况（①樊丹摄，②付卫东摄）

第四节　利用水葫芦象甲防治水葫芦技术应用与示范

一、防治策略

在我国1月等温线10℃以上地区，每亩释放500～600头成虫水葫芦象甲2～3年后，可有效控制水葫芦的蔓延危害；在1月等温线0～10℃地区，水葫芦象甲不能越冬或越冬存活基数低，不足以控制水葫芦的危害，需要采取天敌越冬保种繁育或早春外源天敌助增释放，达到控制水葫芦危害与蔓延。当晚春或初夏最低气温回升到12℃以上时，释放水葫芦象甲，每公顷水域释放7 000～10 000头成虫，当年可较好地控制水葫芦危害。

二、浙江省温州市水葫芦防治示范

1996年8月，在浙江省温州市面积为1 372平方米、水葫芦覆盖率达100%的河道上释放1 000头水葫芦象甲，放虫2年后，水葫芦植株长势明显受到抑制，但水葫芦防效仅为25%；3年后，99%的水葫芦被清除，防治效果十分显著，且水葫芦象甲同时向四周扩散，在1999年12月发现，从放虫区沿河道向下游20千米，均可发现水葫芦象甲，起到了持续控制水葫芦的目的（丁建清等，2001）。浙江省温州市水葫芦防治情况见图7-9。

图7-9 浙江省温州市水葫芦防治情况（丁建清摄）

三、重庆市潼南县举办外来入侵生物水葫芦现场灭除活动

2014年7月24日，农业部科技教育司在重庆市潼南县举办外来入侵生物水葫芦现场灭除活动（图7-10），现场发现，整个河道长满了水葫芦，造成水生植物生境恶化、水体沼泽化和富营养化，给种植业、养殖业、旅游、交通、航运、防洪排涝和生态环境带来严重危害。开展防治外来入侵生物，保障农业生产和生态安全，推进农业生态文明和“美丽中国”建设。

由于我国各省水葫芦发生各具特点，须采取不同治理对策，对于水葫芦覆盖了大片水面的地方，释放大量的天敌昆虫——水葫芦象甲将会取得长久的控制效果；对于发生面积虽小，但急需清除的河道、池塘等处，使用高效、低毒、低残留的化学除草剂或人工、机械打捞，会迅速清除水葫芦。总体来说，综合采取生物和化学措施，会收到快速、持续控制的效果。由于水葫芦大规模暴发往往与水环境污染息息相关，要从根本上消除水葫芦，应该加大对湖、河的环境综合治理力度。

图7-10 重庆市潼南县水葫芦现场灭除活动
（①付卫东摄，②梁宝忠摄）
①工作人员打捞水葫芦；②工作人员考察水葫芦象甲防治情况。

四、海南省海口市举办“拯救国家保护植物水菜花，防治入侵植物水葫芦”活动

2016年3月18日，由海南省农村环保能源站发起，联合中国农业科学院农业环境与可持续发展

研究所、中国热带农业科学院环境与植物保护研究所、嘉道理中国保育“雨林使者”、海南松鼠学堂自然教育工作室共同举办了“拯救国家保护植物水菜花，防治入侵植物水葫芦”活动（图7-11）。水菜花(*Ottelia cordata*)属水鳖科（Hydrocharitaceae）、水车前属(*Ottelia*)，是国家二级保护濒危野生植物，文献记载仅产于我国的海南省海口市和文昌市。因其对水质要求较高，是湿地水质的指示性植物，具有极高的科研价值。海口市那央村羊山湿地曾经长满了水菜花，现如今整片水系几乎长满了水葫芦，水菜花仅是零星可见。为保护水菜花，采用水葫芦的天敌水葫芦象甲来抑制水葫芦的生长，该示范项目主要分为两个步骤：第一，要用打桩围网拦截的方式将水葫芦集中隔离在河道的两边，为水菜花预留出生长的空间；第二，再将水葫芦象甲投放到水葫芦集中的区域，促使其繁殖成长，进而达到抑制水葫芦生长的目的（图7-12）。由于水葫芦大规模暴发往往与水环境污染息息相关，要从根本上消除水葫芦，还应该加大对湖、河的环境综合治理力度。

①
②
③
④

图7-11　海南省海口市举办“拯救国家珍稀植物水菜花，防治入侵植物水葫芦”活动（①②⑤付卫东摄，③张国良摄，④⑥新华社记者摄）

① 野生水菜花；②与水葫芦生长在一起的水菜花；
③科研人员实地调查水葫芦发生情况；④ 防治水葫芦专家进行讲解；
⑤打桩围网拦截水葫芦；⑥专家展示野生水葫芦（左）和水葫芦象甲取食后的水葫芦（右）。

图7-12　海南省海口市那央村羊山湿地水葫芦防治前后对比（付卫东摄）

第八章 利用水葫芦盲蝽防治水葫芦技术

水葫芦盲蝽[*Eccritotarsus catarinensis*(Carvalho)]属半翅目、盲蝽科昆虫，1989年在巴西里约热内卢水葫芦上采集到，在南非对水葫芦盲蝽寄主范围的研究表明，水葫芦盲蝽对南非植物造成危害的风险性很小，作为水葫芦生防天敌，1996年首次在南非释放（Hill et al.，1999），且已经在多个释放点成功建立自然种群。本章对水葫芦盲蝽的生物学习性、取食特性及防治水葫芦情况展开论述。

第一节　水葫芦盲蝽生物学习性

一、成虫

成虫体细长，2～3毫米，具黑色外骨骼，腿白色，眼红色，翅上有透明斑纹（图8-1）。成虫活跃，易受干扰，受干扰后常隐藏在叶面下或飞离。成虫性别易于区分，雄虫腹部细长，腹部末段黄色，生殖器明显不对称，偏向一侧，雌虫腹部圆状，黑色，产卵鞘明显可见，雌虫个体略大于雄虫。成虫寿命长，存活期约50天，成虫和若虫取食水葫芦叶组织，引起叶片变黄和变棕色，由于从栅栏组织中吸取了叶绿素使叶片褪绿，最终导致叶片过早死亡。成虫平均寿命约50天（Hill et al., 1999）。

图8-1　水葫芦盲蝽成虫（原中国农业科学院生物防治研究所水葫芦项目课题组摄）

二、卵

盲蝽雌虫通常把卵水平地、散产入水葫芦叶组织中，主要产在叶的背面

(93%的卵发现产在叶的背面)，卵的平均孵化期大约为9天。

三、若虫

若虫分4龄，虫体乳白色，近透明，眼红色，1龄期若虫体长约0.96毫米，4龄期体长约2.83毫米。在2龄期（1龄期缺翅芽）翅芽已伸达体背，到4龄期几乎覆盖整个腹部。若虫发育期约15天，若虫主要在水葫芦叶背聚集取食，成虫在叶面。在叶的上下两面，有成虫和若虫排泄的有光泽的黑色粪便痕迹。

四、生活史

在我国福建的田间试验显示，水葫芦盲蝽消长盛衰一般随水葫芦生长枯荣而起落。在福州亚热带气候条件下，适宜于水葫芦盲蝽繁育的时期是3月下旬至7月上旬、8月下旬至11月中旬，在上述时期内能繁殖8～9代。在福州每年3月下旬后，气温稳定通过12℃以上时，水葫芦开始抽发新芽，水葫芦盲蝽也随后变活跃，早春气温回升缓慢而多变，越冬残存的水葫芦盲蝽仅零星发生。进入初夏，水葫芦盲蝽始见回升，很快形成优势虫量，如成虫于4月上旬释放，3～4天即开始产卵。至11月中、下旬，野外仍有大量的成虫、若虫，12月上旬田间几乎所有虫态都很快死亡。释放在野外的水葫芦盲蝽种群数量增长有3个明显的高峰期，即6月中、下旬，9月中、下旬，11月上、中旬。其中，以6月中、下旬和11月上、中旬最明显。

在福州，进入6月以后，气温逐渐升高，平均在32℃以上，极端最高气温达33～39℃，持续高温有时要延续到7月上、中旬。这一时期对水葫芦盲蝽的发育极为不利，成虫产卵量下降，寿命缩短，大量成虫死亡，由于水葫芦盲蝽种群数量锐减，水葫芦的生长重新得到恢复。9月下旬气温一般在25～36℃，盲蝽开始繁殖；9月下旬至10月下旬平均气温在25℃左右，是水葫芦盲蝽的繁殖盛期，成虫快速向四周扩散。至11月上、中旬，由于水葫芦盲蝽的种群数量增大，大部分水葫芦叶片被取食变枯黄，水葫芦植株死亡。

五、取食习性

水葫芦盲蝽成虫和幼虫首先危害水葫芦茎顶端部位叶片，被水葫芦盲蝽取食后的植株，由于叶内的叶绿素遭到破坏，植株光合作用能力降低，其生长繁育能力受到抑制，植株高度降低。除草效果取决于释放时期和数量及释放地的生态环境条件，在人为干扰少和对水葫芦盲蝽较安全的场所释放，则能更好地提高天敌的除草效果。

六、寄主选择性

在室内对盲蝽的寄主范围进行了测试，在36科的

67种植物上进行了盲蝽成虫寄主选择性测试，在5种雨久花科的植物上进行了成虫非选择性测试。在被测试的5种雨久花科植物上，发现成虫都可取食，在4种植物上发现成虫产卵。然而，试验证明这些植物同水葫芦相比仅是水葫芦盲蝽的次要寄主。

根据澳大利亚本国的天敌评价系统，水葫芦盲蝽不能作为水葫芦的生防天敌在澳大利亚释放，因为可能对鸭舌草科植物种群造成损害。然而，像巴布亚新几内亚等水葫芦危害非常严重的国家，可以考虑引入，因为盲蝽对鸭舌草造成的损害同水葫芦对鸭舌草种群已经造成的损害及对无法估计的其他动植物种类造成的损害相比是很不重要的。在东南亚，鸭舌草同水葫芦一样也是危害严重的害草，正因如此，水葫芦盲蝽已被引进到泰国进行研究。

第二节　水葫芦盲蝽田间控制与越冬保护

一、田间控制效果

水葫芦盲蝽属热带昆虫，水葫芦盲蝽没有休眠和滞育特性，因此在我国华中地区水葫芦发生区域，由于冬季低温，该虫不能自然越冬。但适宜用于控制我国华南地区水葫芦的危害，福建大部分地区冬季温度低，水葫芦盲蝽虽可越冬，但早春种群基数低，不足以控制水葫芦的危害，在初夏人工释放助增一定数量的水葫芦盲蝽，可以达到周年控制水葫芦的危害。通过人工越冬保护水葫芦盲蝽，提高越冬种群基数，提高天敌控制效果。

2003年3月26日，在福建省福州市金山地区选择水葫芦危害严重的废弃鱼塘，释放水葫芦盲蝽成虫及若虫约计3万头，在水葫芦盲蝽释放3个月、5个月后，在距释放点约3千米的范围内对水葫芦盲蝽寄生及扩散情况进行调查，发现水葫芦盲蝽在释放3个月后，在田间释放点的自然扩散到距释放点半径1 600米范围内的水葫芦危害区域，对水葫芦的寄生株率为0.3%～56.61%，对水葫芦的控草效果为0.33%～26.82%。释放5个月水葫芦盲蝽扩散到距释放点半径2 100米的区域内，对水葫芦的寄生株率达到 0.48%～78.93%，控草效果为0.17%～53.45%。

二、越冬保护

经冬季覆盖塑料薄膜保种试验表明，水葫芦盲蝽可以在福州地区越冬。由于该盲蝽无休眠习性，冬季(12月至翌年2月)必须在温室保温条件下饲养。在福州，1月为虫口大量减少时期，与前月相比，成虫减少90%以上，致使下代虫源不够。故2月上旬至3月上旬为越冬保种关键时期。冬季因阴雨天多，温度偏低，以及水葫芦叶片老化，新叶生长缓慢，因而导致水葫芦盲蝽大量死亡，产卵量很低。因此，冬季需保存足够量的水葫芦幼株，供盲蝽取食、繁育利用。

三、防治要点

从盲蝽对水葫芦作用的长期效果来看，水葫芦自初夏至初秋为盛发期，对水域环境造成很大危害和污染。而此时段该水葫芦盲蝽与害草同步发生，但种群数量还远达不到控制害草的量，而不能致害草枯死。如果把盲蝽发生与作用时间提早1个月，在水葫芦盛发前，繁育或助增一定量的水葫芦盲蝽数量，即可很好地周年控制水葫芦的危害。

水葫芦盲蝽种群的越冬保护技术研究非常重要，可以增加来年天敌种群基数，并可有利于天敌冬后提早羽化、虫量快速回升、降低死亡及加快生长发育与繁殖。同时，有利于水葫芦盲蝽自迁、扩散，其越冬虫源基数随之扩大，对稳定并增强盲蝽种群的建立至关重要。提高盲蝽的控制效果，要靠若干代的大量繁殖和在控制区域内持续取食控制的力度，才会获到显著的生物防治效果。

第九章 水葫芦资源化利用技术

在治理水葫芦的同时应充分考虑水葫芦的资源化利用。例如，水葫芦对于水质有很好的净化作用，利用水葫芦来栽培蘑菇，水葫芦含有的纤维素用于造纸和制成工艺品，将水葫芦与动物粪便混合发酵，利用水葫芦产生沼气发电，沼液和沼渣制成有机肥等。在大规模因地制宜地利用水葫芦的同时，将水葫芦这个水中有害植物变废为宝。水葫芦资源化利用技术路线见图9-1。

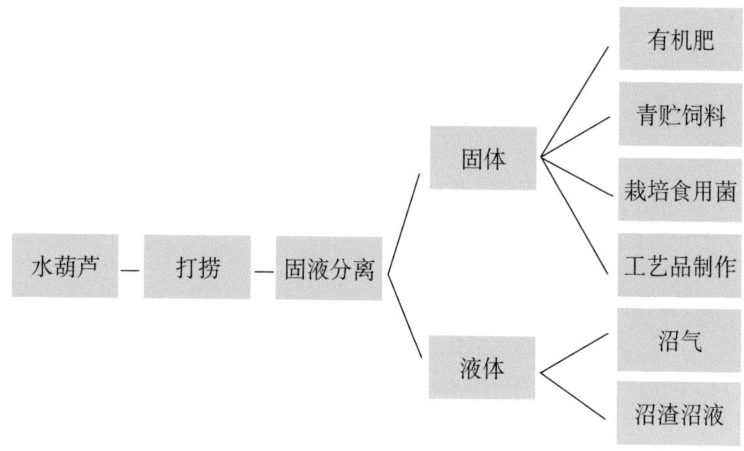

图9-1 水葫芦资源化利用技术路线

第一节 水葫芦用作饲料及肥料

一、水葫芦营养成分

水葫芦营养成分种类较为丰富，不同地区水葫芦营养成分含量略有差异，且池塘中生长水葫芦的大部分营养成分有高于河、湖水域的趋势（Trung，2006）。黄伟等（2011）测定了5 ~ 10月滇池规范种植的水葫芦常规营养成分和矿物质元素含量发现，新鲜水葫芦粗水分含量为93.75%，干物质中，无氮浸出物、粗纤维、粗灰分、粗蛋白、粗脂肪含量分别为3.08%、1.30%、1.02%、0.72%、0.12%。余有成（1989）摘译自日本《畜产研究》发现，水葫芦中含粗蛋白质

2.4%、粗脂肪0.72%、粗纤维0.91%、无氮浸出物3.7%，以及许多必需的氨基酸、维生素，具备了用作饲料及肥料的潜力和应用价值。

二、制备饲料

中国科学院沈阳应用生态研究所甘旗卡试验站1994—1995年在科尔沁沙地赤峰市和哲里木盟引种水葫芦作为饲料饲养生猪，获得成功，并且取得了显著的经济效益（王桂荣、张春兴，1996）。

水葫芦因适口性差、动物采食量低，直接饲喂家畜往往拒食或采食量很低，且由于新鲜水葫芦水分过高，虽经初步挤压脱水，但水葫芦渣含水量仍较高，纤维也较短，这导致饲粮营养水平偏低而影响生产性能，不适合规模化养殖场的储存和直接饲喂使用（程志斌等，2011）。通过与其他饲料原料的复合青贮，加工调制成青贮饲料，既保证了水葫芦青贮成功发酵，同时又改善了适口性，提高了饲喂价值。

韩亚平等（2013）在添加优质青贮发酵菌条件下，将20%麦麸与水葫芦渣混合，青贮14天，调控降低水分，可以获得感官品质优异的水葫芦渣混合青贮料。陈鑫珠等（2011）将水葫芦与甜玉米秸秆按照9：1比例混合后，常温下储存60天，发现干物质回收率高，青贮效果佳，并且蚁酸的添加对营养物质的保留效果显著。白云峰等（2011a）通过调整干物质含量、底物(稻草、醋糟、麦麸)及添加剂(糖蜜、玉米粉)组合，对水葫芦进行了14种青贮处理后进行感官评定和营养成分分析，发现水葫芦经过挤压脱水仍保持较高的营养价值，将水葫芦挤压脱水与其他底物、添加剂复合青贮发酵作为粗饲料用于饲喂山羊，采食量为2 152克/天、平均日增重为122克/天、饲料转化效率为6.6，可达到中等以上生产水平。另外，还可通过青贮、微贮方法将水葫芦秸秆作为鹅日粮纤维来源，水葫芦青贮饲料调配成全价日粮后，每吨仅740元左右，远远低于每吨鹅普通成品全价饲料2 300 ～ 2 500元（白云峰等，2011b)。

另外，未发酵的新鲜水葫芦可直接作为蚯蚓的饲料。优化后的饲养条件为直接用未发酵新鲜水葫芦为饲料，切碎成0.5 ～ 1厘米，添加厚度15厘米时，养殖效果较好。饲养30天后，蚯蚓质量增加达296%，利用蚯蚓堆制技术处理水葫芦，工艺简单可行，为水葫芦资源化利用提供了新的途径（周娟娟、李战军，2011)。

近年来水体污染的加重，水葫芦对一些重金属等有害物质具有积累作用。因此，生长在污水中的水葫芦不适合用来制作饲料。

三、制备肥料

水葫芦生物学产量高，氮、磷、钾养分含量高，且含有一定量的钙、铁、镁等元素，制作有机、无机复合肥，也可以与其他有机物制作优质有机肥和有机-无机复混肥（图9-2）。若用作绿肥有利于增加土壤养分，在一定程度上能够促进作物的增产，也适合需钾量高的作物，如水果、茄果类蔬菜、马铃薯等。中国科学院水生生物研究所生产出水葫芦复合肥（刘剑彤，2004；孙小燕、丁洪，2004；洪春来等，2005；郑建初等，2011）。

新鲜水葫芦含水量高，因此在制作有机肥时首先需要对水葫芦进行挤压脱水，当含水量在80%左右时，即可进行高温堆肥，堆肥后25天物料即腐熟，可安全使用。生产出的水葫芦有机肥全氮含量为2.1%，有机质含量为34.05%；另外，水

图9-2 农民收割水葫芦用来制作肥料（卢刚摄）

葫芦发酵后产生的沼液也是优质的有机肥料。1吨水葫芦发酵可产生沼液800千克左右，其中含氮928克、磷128克、钾2 240克，相当于尿素(以N计，46%)2千克、过磷酸钙(以P_2O_5计，18%)0.7千克、氯化钾(以K_2O计，52%)4.3千克（郑建初等，2011)。黄东风等（2007）通过“微生物好氧发酵堆肥化技术”生产出相关水葫芦有机肥料产品，其中有机质含量高达49.8%，氮磷钾总养分含量为11.4%，属优质的作物有机肥料。

第二节　水葫芦水体修复

利用水葫芦控制河、湖水体的富营养化，处理养殖废水、生活污水和净化印染、造纸、石油化工废水等方面已在国内得到了应用，水葫芦根部对水中的银、汞、砷、镉等金属离子和其他的一些有害物质（如含氰物质)、重金属具有极强的吸附能力，与常见的净化水体的水生植物芦苇和香蒲比较，水葫芦对废水中镉、氟和砷的富集系数最高。除此之外，水葫芦能降低生活污水中的生化需氧量（BOD）值，现已被用于处理多种重金属污染水体和生活污水（田宏，1992；戴耀基、陈源高，1990)。

一、净化修复养殖废水

水葫芦对猪场污水中总氮的去除率为94.24%，总磷去除率为66.52%，COD_{Cr}去除率为47.87%，去除效果显著高于对照（林东教等，2004）。氧化塘的处理工艺是处理水产养殖废水的常用方法之一，是通过其中的水生生物来降低水体中的有机物含量，同时提高溶解氧的含量，并适当除去水中的氮、磷等营养物质，减轻水体富营养化的程度。许敏等（2013）以鹌鹑粪作为肥料、以水葫芦为主要的水生生物，研究氧化塘对水产养殖废水的处理效果，经过1周的时间，氧化塘对废水中的化学需氧量（COD）、总氮（TN）、总磷（TP）的平均去除率可达到61.35%、59.16%、64.94%，高于自然湿地对废水中不同有机物的去除率，水生植物为水葫芦的氧化塘对COD的去除效果更好，对TN、TP的净化效果相近。许国晶等（2014）通过在养殖池塘水体中移植水葫芦，并添加浓度为每立方米含有3.0×10^{10}细菌菌落总数的EM菌液，发现水生植物-微生物协同净化体系对TN、氨氮、亚硝态氮(NO_2-N)、TP、COD净化效果均显著优于EM菌液组。经协同净化后的水体中，TN、TP水平降至淡水养殖池塘排放水一级标准，氨氮水平降至0.6毫克/升以下，而NO_2-N水平则降至0.1毫克/升以下。刘作云等

(2016) 对比分析芦苇、水葫芦、蕹菜对养殖废水中COD_{Cr}的去除与净化效果，结果发现，供试水芦苇—水葫芦组合对养殖废水中COD_{Cr}的去除和净化能力最强，培养15天后，对养殖废水中COD_{Cr}的净化效率最高可达87.3%，但对高浓度养殖废水中COD_{Cr}的处理效果一般，在构建人工湿地植物系统时，结合实际情况组建合适的植物组合，可提高净化COD_{Cr}效率。

水葫芦用来净化养殖污水见图9-3。

图9-3 水葫芦用来净化养殖污水（朱昌雄摄）

二、净化修复工业废水

郑濂（1985）提出了建立水葫芦氧化塘，以吸附、降解工业污水中的浓度超过500毫克/升的油分，该法投资少、工程简易、节能、维护费用低，在当时取得了明显的社会、经济、环境三大效益，用同样的方法，绍兴钢铁厂利用水葫芦氧化塘净化工业废水成效显著(郑濂，1986)。张志杰等（1986）研究发现了水葫芦对含铅废水的忍受浓度较高，对工业废水中铅的吸收富集能力比较强，90%以上的铅被积累在根茎中，通过用不同浓度含铅废水养殖的水葫芦10天后约80%以上的铅被去除，去除效果远远高于自然净化（净化率约26%)。因此，水葫芦对含铅及其他重金属的废水的处理与控制具有重要的实用价值。通过对水葫芦-水草人工湿地处理再生浆造纸废水的试验研究表明，进水pH 为7.12 ~ 7.49，BOD_5、COD_{Cr}、SS（悬浮物）浓度分别为440.5毫克/升、354.2毫克/升、290.7毫克/升，BOD_5、COD_{Cr}、SS的去除率分别为98%、93%和89%，系统性能稳定，出水水质达到排放标准且可用于农业灌溉（李亚治，2000)。

为探明不同水域的水葫芦吸收水中重金属的规律和特性，为深度开发和利用水葫芦，纪苗苗等（2010）采集8处不同水域中生长的水葫芦样本及水样，分别检测了水葫芦茎叶和根及生长水中的铅、镉、铬、汞含量，结果表明：水污染严重区域，水葫芦中重金属含量较高，水葫芦根中各重金属含量总体高于茎叶，茎叶中镉的含量显著低于铬的含量，根中镉含量也低于铬，随着水中铅、镉含量的增加，根与茎叶中相应金属含量有上升趋势。另有研究表明，污水中铅和铜共存时，水葫芦对铅的吸附性较高，平均去除率达到75.53%，而对铜的去除率只有23.44%（罗妮娜等，2013）。被水葫芦吸收的重金属会在水葫芦体内得到积累，且主要富集于根部，并在水葫芦的根系中形成了配合物。此外，被吸收的重金属绝大多数不会重新释放到水体中（林晨，2013；陈文萍等，2016）。

水葫芦与其他水生植物净化工业废水见图9-4。

图9-4 水葫芦与其他水生植物净化工业废水（付卫东摄）

三、修复富营养化水体

水葫芦通过自身的吸收同化作用消减水体氮，也能够通过根系分泌氧气及有机碳促进硝化、反硝化途径消减水体氮，从而高效、快速地净化富营养化水体(马涛，2014)。刘士力等（2010）测定了不同水葫芦数量对富营养化水体中TN、TP、叶绿素a、COD的清除作用和水葫芦的生长率，结果显示，水葫芦能够大量吸收营养盐，对改善水质、治理水体富营养化具有重要作用。在富营养化水体中引种水葫芦后，即便是气温较低的初冬季节，水葫芦基本停止生长，但水葫芦对富营养化水体的有机污染指标COD_{Mn}，营养盐指标TP、TN、NH^{4+}-N和生物指标叶绿素均有去除能力，去除能力的强弱与水葫芦生物量的多少成正比（朱敏，2004)。研究发现，水葫芦修复富营养化水体的最佳处理为覆盖度60%、初始放养量4千克/平方米（邹乐等，2012)。水葫芦还能抑制藻类生长，Sharma等(1996）研究发现，水葫芦根和叶的渗滤液均能够抑制斜生栅列藻的生长。

水葫芦净化富营养化水体见图9-5。

四、修复水中有机污染物

袁蓉等（2004）利用水葫芦处理多环芳烃(萘)有机废水，结果显示，水葫芦能净化水体中80%以上的

图9-5 水葫芦净化富营养化水体
（付卫东摄）

萘。另外，水葫芦在修复水中农药方面也起到重要作用。研究发现，10 ~ 11克水葫芦可将250毫升浓度为1毫克/升的乙硫磷、三氯杀螨醇和三氟氯氰菊酯消解速度分别提高283%、106%和362%，可将250毫升浓度为10毫克/升的马拉硫磷的消解速度提高160%，其修复机理主要是通过水葫芦吸收农药后在体内积累或进一步降解（夏会龙等，2001、2002）。

马晓建等（2015）提供了一种利用水葫芦综合处理酒精废水的方法，该工艺首先对酒精废水进行厌氧消化，固液分离后的液体用于水葫芦养殖，收获的水葫芦植株残体作为沼气发酵原料进入两级厌氧消化产沼气，经水葫芦净化后的液体回用到酒精生产的拌料工艺和水葫芦养殖池中稀释酒精废水。该方法利用酒精厌氧废水养殖水葫芦可消除氨氮对酒精发酵的抑制作用，提高处理后废水回用酒精发酵的可行性，实现了酒精生产过程中的废水零排放，解决了制约酒精发酵实现清洁生产的关键技术“瓶颈”，水葫芦植株残体作为沼气发酵原料可提供更多的沼气。

水葫芦净化水体见图9-6。

图9-6 水葫芦净化水体（付卫东摄）

五、需要注意的问题

虽然水葫芦能够净化各种高浓度有毒有害污水，但是在实际应用中，过高的污染负荷不利于水葫芦生长，从而减弱净化效果；同时，高浓度的污染物如重金属，会被植物富集，植物在收割后资源化利用将受到限制，很可能造成污染物的迁移，引起二次污染。因此，建议将水葫芦净化系统用于水葫芦与污水处理工艺的组合，如城市污水处理厂的三级处理或者低浓度生活污水和雨水处理等（张文明、王晓燕，2007）。

第三节　制造沼气

水葫芦含有较高含量的木质素和纤维素，经高温分解和碳化后可以制得木炭。但由于水葫芦的高含水量，不能生产出高质量的木炭（徐祖信等，2008）。利用水葫芦中的纤维素作为碳水化合物原料，经过水解发酵处理后，可以制得乙醇等液体燃料。但水葫芦水解发酵需要进行预处理，这需要较大能源，生产成本高，技术要求高，故其实用性不高，难于推广（Thomas et al., 1990）。水葫芦经过厌氧消化可制得沼气，这样既可以解决水葫芦的处置问题，又可以提供生物能源，并且沼气池的副产物——沼渣可以作为肥料用于农业生产（徐祖信等，2008）。为获得更多的沼气，可将水葫芦与适量的消化污泥或者牛粪混合（兰吉武等，2004；El-Shinnawi et al., 1989）。

利用水葫芦生产沼气可以减少温室气体的排放，但减排的价值取决于沼气厂的生产规模。用于生产沼气的水葫芦还能去除水体中的营养物，因此沼气项目具有额外的水质改良价值。在中国关于水污染控制、可再生能源发展和节能减排等政策的背景下，利用水葫芦生产沼气也是一种潜在的政策响应（王赞信，2012）。

人工堆积水葫芦发酵处理见图9-7。

图9-7　人工堆积水葫芦发酵处理（付卫东摄）

第四节　其他利用技术

一、制成工艺品

将水葫芦去根、叶后晒干，用机器压扁制成绳条，编织成各种各样的家具和工艺品，如帽子、沙发、席子、手提袋、灯罩等（图9-8），经济效益十分可观。这种水葫芦的利用方式起初常见于东南亚一些国家，在美国也建有利用水葫芦来加工家具的工厂，这种家具要比柳条和藤条编制的更柔软和光滑。水葫芦加工制成工艺品技术含量不高，属于劳动密集型产业，适合于我国水葫芦泛滥地区推广，创造更多的就业机会，提高农民的收入水平（朱磊等，2006）。目前，在我国利用水葫芦编织工艺品的人也越来越多。

图9-8　利用水葫芦编织的手提袋（引自 Martin Hill）

二、栽培食用菌

水葫芦含有比较丰富的纤维素、蛋白质、脂肪，作为食用菌的栽培基质，与稻草相比具有更适合的碳氮比（24 ∶ 3），具有较低的木质素含量（9%）（朱磊等，2006）。白永莉（2011）研究发现，红平菇在50%、100%的水葫芦培养基质中均能生长，其子实体中铅、汞含量均低于国家标准，符合食用菌生产栽培。赵超等（2010）用鲜水葫芦的叶、叶柄、根部分代替培养基中的马铃薯培养平菇菌种，发现水葫芦能促进平菇菌丝生长。培养料中水葫芦渣含量为20%、30%、40%，秀珍菇产量较高，培养料中30%、40%、80%水葫芦的配方比对照“80%棉子壳+20%麸皮”纯效益高或者相近，以100%水葫芦渣栽培的秀珍菇中重金属含量低于国际食品安全限量标准（华秀红等，2011）。

三、造纸

水葫芦还可作为造纸原料，不但可以将水葫芦变废为宝加以利用，还可以节约大量的木材。在印度和菲律宾等地建立了以水葫芦为原料的造纸厂，造出耐揉、耐湿的包装纸、写字纸、广告纸和卫生纸。一种适合作为笔记本和印刷的优良纸张，可以按照水葫芦浆30%、桑树浆30%和纸浆40%的比例配制生产出来（朱磊等，2006）。

附录

附录1　水葫芦综合防治技术规程

根据《水葫芦综合防治技术规程》（NY/T 3019—2016）编写。

一、范围

本规程规定了水葫芦综合防治原则、策略、技术方法及程序。

本规程适用于对水产养殖区、水源保护区、湿地、湖泊、沟渠、河道、交通运输水道等生境中水葫芦的防治。

二、规范性引用文件

下列文件对于本文件的应用是必不可少的。凡是注日期的引用文件，仅注日期的版本适用于本文件。凡是不注日期的引用文件，其最新版本（包括所有的修改单）适用于本文件。

GB/T 8321 农药合理使用准则

GB 12475 农药贮运、销售和使用的防毒规程

NY/T 1276 农药安全使用规范 总则

NY/T 1861 外来草本植物普查技术规程

三、术语和定义

下列术语和定义适用于本文件。

（一）水葫芦象甲 water hyacinth weevil

水葫芦象甲起源于南美洲和中美洲，属鞘翅目（Coleoptera）、多食亚目（Polyphaga）、象虫科（Curculionidae）包含的2个种，即*Neochetina bruchi* Hustache和*Neochetina eichhorniae* Warner，均可作为水葫芦专食性天敌昆虫用于其生物防治，目前全世界已有30多个国家在推广使用水葫芦象甲用于控制水葫芦的危害。

（二）越冬繁殖 winter reproduction

在水葫芦天敌不能自然越冬和翌年越冬虫量低的地区，为保证生物防治的可持续性，而采取的人工繁

殖和保育水葫芦天敌种群的技术。

（三）水源保护区 water source conservation areas

各级政府对某些特别重要的水体加以特殊保护而划定的区域。如生活饮用水水源地、风景名胜区水体、重要渔业水体和其他有特殊文化价值的水体。

（四）湿地 wetland

湿地指天然或人工形成的沼泽地等带有静止或流动水体的成片浅水区，还包括在低潮时水深不超过6米的水域。

四、防治的原则及策略

（一）防治原则

采取“预防为主、综合防治”的原则，以较低的成本，将水葫芦控制在可接受的危害水平之下，或对其进行根除。

（二）防治策略

采取以生物防治为主，农业、物理、化学防治为辅的水葫芦防治技术策略，根据水葫芦发生的不同生境及危害程度制定具体的综合防治方法。

五、调查监测

按照NY/T 1861的规定调查水葫芦发生生境、发生面积、危害方式、危害程度、潜在扩散范围等（水葫芦形态鉴别见本书第一章）。水葫芦形态图见附图1-1。

六、主要防治措施

（一）生物防治

利用捕食性天敌昆虫等取食水葫芦，使水葫芦的数量控制在可接受的危害水平之下，称为水葫芦生物防治法。目前，我国可用的水葫芦天敌昆虫主要为水葫芦象甲（水葫芦象甲形态鉴别见本书第七章）。

附图1-1　水葫芦形态图
（《中国植物志》，蔡淑琴绘）
①植株；②花；③雌蕊。

在我国1月等温线10℃以上地区，每亩释放500 ~ 600头成虫水葫芦象甲2 ~ 3年后，可有效控制水葫芦的蔓延危害；在1月等温线0 ~ 10℃地区，水葫芦象甲不能越冬或越冬存活基数低，不足以控制水葫芦的危害，需要采取天敌越冬保种繁育或早春外源天敌助增释放，达到控制水葫芦危害与蔓延（水葫芦象甲的越冬繁殖技术见本书第七章）。当晚春或初夏最低气温回升到12℃以上时，释放水葫芦象甲，每公顷水域释放7 000 ~ 10 000头成虫，可较好地控制水葫芦危害。

（二）物理防治

采用人力或机械对水葫芦进行打捞，打捞上来的植株充分晒干，或经腐熟沤制成绿肥使用，或用作沼气填料，防止其依靠无性繁殖成为新的传播来源。

（三）化学防治

对于急需要在短时间内恢复水葫芦侵占的水面、河道等生境，可采用国家登记注册的除草剂产品进行快速防控。使用农药时应严格控制对水体的污染，按照《农药贮运、销售和使用的防毒规程》（GB 12475）、《农药合理使用准则》（GB/T 8321）、《农药安全使用规范　总则》（NY/T 1276）等的规定执行。

七、不同生境综合防治措施

根据水葫芦发生的不同生态区域或生境，综合分析当地农业生产及生态气候条件、水葫芦发生情况、防治成本、预期的防治目标，采取不同的综合防治措施。

（一）水产养殖区

包括人工水产养殖池塘或湖泊、水库网箱养殖水域，可优先采取生物防治措施，辅助采用人工机械打捞措施。1月等温线低于10℃地区，当晚春或初夏最低气温回升到12℃以上时，每公顷水域释放$2.25\times10^4\sim3.0\times10^4$头水葫芦象甲成虫可控制其危害与蔓延。

（二）水源保护区

禁止使用农药的水源保护区，一律不得采用化学防治的方法进行控制。允许使用农药的水源保护区，根据允许使用的农药种类、剂量、时间、使用方式等规定进行防治。

在饮用水源地，采用人工或机械打捞措施，或辅以生物防治的方法进行长效控制。打捞或铲除的水葫芦应全部集中进行无害化处理。

（三）湿地、湖泊

优先采取生物防治措施或机械打捞措施，对于水葫芦发生面积大、种群密度高的，需采取应急化学防治时，可采用国家登记注册的除草剂产品进行快速防控。应分区施药，防止水葫芦大量死亡腐烂而导致的水中缺氧、鱼类死亡。

（四）泄洪、河道、交通运输水道

可采用人工机械打捞措施，应急时可采取化学防治措施。采用应急化学防治措施时，可采用国家登记注册的除草剂产品进行快速防控，防治河流浅水区的水葫芦。

附录2 高等水生维管束植物资源调查技术规范

根据全球环境基金项目（GEF：00053198）成果进行改编。

一、范围

本规范规定了高等水生维管束植物调查方法。

本规范适用于水库、江河、湖泊等水体高等水生维管束植物资源调查。

二、规范性引用文件

下列文件中的条款通过本规范的引用而成为本规范的条款。凡是注日期的引用文件，其随后所有的修改单（不包括勘误的内容）或修订版均不适用于本规范。然而，鼓励根据本规范达成协议的各方研究是否可使用这些文件的最新版本。凡是不注日期的引用文件，其最新版本适用于本规范。

SC/T 9102.3　渔业生态环境监测规范　第3部分：淡水

SL 167　水库渔业资源调查

三、水体形态与自然环境调查

水体形态与自然环境调查的主要内容见附表2-1 ~

附表2-3。表中各项目的资料、数据，可从所属管理单位和当地水产、水利、农业、林业、气象、水文、环保等部门获取，也可通过调查访谈或独立观测方式获取。

附表2-1　湖泊形态与自然环境调查表

湖泊名称		行政区划		地理位置	
长度（千米）		最大宽度（千米）		平均宽度（千米）	
最大深度（米）		平均深度（米）		湖岸线长度（米）	
面积（公顷）		最大面积（公顷）		最小面积（公顷）	
集雨区面积（公顷）		植被类型		覆盖率（%）	
备注					

记录日期：　　　　　　　记录人：

附表2-2　江河形态与自然环境调查表

水体形态特征	江河名称		最大高程（米）		最小高程（米）	
	长度（千米）		起点		终点	
	最大宽度（千米）		最小宽度（千米）		平均宽度（千米）	
	最大深度（米）		平均深度（米）			
	地理位置					

（续）

集雨区概况	面积（公顷）		地理位置（经纬度）		土壤类型	
	土壤特性		植被类型		覆盖率（%）	
备注						

记录日期：　　　　　　　记录人：

附表2-3　水库形态与自然环境调查表

形态特征	长度（千米）		最大宽度（千米）		平均宽度（千米）	
	最大深度（米）		平均深度（米）		最大水面（公顷）	
	正常水面（公顷）		养鱼面积（公顷）		死水位面积（水库，平方米）	
集雨区概况	地理位置					
	面积（平方千米）		植被类型		覆盖率（%）	
	土壤类型		土壤特性			
淹没区概况	总面积（公顷）		淹没前植被类型		覆盖率（%）	
	土壤类型		土壤特性		地貌	
消落区概况	面积（公顷）		坡度		分布范围	
	土壤类型		土壤特性			
备注						

记录日期：　　　　　　　记录人：

四、高等水生维管束植物调查

（一）调查内容

物种组成、群落结构、生物量、盖度、高度及水深、流速、光照、pH等环境因子。

（二）调查方法

分别在样地中部及边缘进行随机取样，视样地的大小、外形、环境不同，每块样地调查1米×1米样方1～12个不等。采集水生及湿生维管植物标本，借助相关资料分类和鉴定，最后对群落的组成 结构及分布进行统计和分析。

（三）采样

1. 采样点布设　首先测量或估计各类大型水生植物带区的面积，然后选择密集区、一般区和稀疏区布设采样断面和点。采样断面应平行排列，也可为“之”字形。采样断面的间距一般为50 ～ 100米。采样断面上采样点的间距一般为100 ～ 200米。没有大型水生植物分布的区域不设采样点。

2. 定量采样　挺水植物一般用1平方米采样方框采集。采集时，将方框内的全部植物从基部割取。

沉水植物、浮叶植物和漂浮植物，一般用采样面积为0.25平方米的水草定量夹采集。采集时，将水草夹张开，插入水底，然后用力夹紧，把方框内的全部植物连根带泥夹起。冲洗去淤泥，将网内水草洗净装入编有号码的水草袋内。

每个采样点采集2个平行样品。除去污泥等杂质，装入样品袋内，沉水植物须放入盛水的容器中。

3.定性采样　挺水植物用手采集；浮叶植物和沉水植物用水草采集耙采集；漂浮植物直接用手或带柄手抄网采集。

定性样品应尽量在开花和（或）果实发育的生长高峰季节采集，采集的样品应完整（包括根、茎、叶、花、果）。

（四）标本制作

每一号标本至少应制作2份，标本夹应该经常换纸，以防植物体腐烂。压制好的标本可夹在干纸中间或用纸条粘在较坚韧的白纸上。标本至少应保存到成果鉴定后。

1.蜡叶标本（干制标本）　在采集到的定性样品中，选择较完整的植物体，剪除枯枝叶及多余部分，用平头镊子将枝、叶、花各部分展开，整齐自然地置于吸水纸上。如果叶有明显的背腹差异，应把部分叶片翻转使其背面向上。枝条较长者要适当折转后铺放。有些粗厚的果实或地下茎，可剖开压放或摘除后另行处理。个体较大的植物，可选择具有分类特性的部位进行压制。对枝叶纤细、质地柔软的植物，应将单株植物体放入水中，整形后依其自然形态用玻璃板或白铁板轻轻托出水面，滴去积水放吸水纸上。

在标本上面盖1层纱布和2 ~ 3层吸水纸，最后将若干夹有标本的吸水纸叠放一起，置标本夹（上下2片木制夹板）中，用绳捆紧加速定形和吸水。前3天应每天换纸和纱布2次，其后每天1次，约1周后可完全干燥。干燥成形的标本取出后，夹在干纸中间或用纸条粘在卡片纸上。

2.浸制标本　质地柔软的水生植物（如丝状藻），不宜制成蜡叶标本，则用浸制液浸泡。浸制时间视叶色变化而定，一般几天后叶片由绿变褐，再由褐变绿时将标本取出，置5%甲醛溶液或70%乙醇溶液中保存。如标本过分柔软，可用线将其缚于玻璃棒或玻璃板上。

制成的标本要及时贴上标签，注明采集日期、地点、采集者，并留下名称和分类地位栏待鉴定后填写。

（五）种类鉴定

定性样品趁新鲜时进行鉴定。所有标本要鉴定到种。

（六）称重

1.鲜重　一般按种类称重。称重前，洗净，除去根、枯死的枝叶及其他杂质，放干燥通风处阴干。用盘秤或托盘天平称重。要求在采样当天完成。

2.干重　称取子样品（不得少于样品量的10%），置于105℃鼓风干燥箱中干燥48小时或直到恒重，取出称其干重。按下式进行计算：

$$M=\frac{M_1 \cdot M_2}{M_3}$$

式中：M为样品干重（克）；M_1为样品鲜重（克）；M_2为子样品干重（克）；M_3为子样品鲜重（克）。

（七）结果整理

分析大型水生植物的种类组成，并按分类系统列出名录表，见附表2-4；称重结果随时记入附表2-5中。

附表2-4　淡水生物名录及其分布表

河、湖、库名称：_____ 生物类别：_____ 采样日期：_____

序号	种类	学名	采样点分布状况						
合计									

注：用下列符号表示分布状况，“-”表示少，“+”表示一般，“++”表示较多，“+++”表示很多。

记录日期：　　　　　　记录人：

附表2-5 大型水生植物调查表

河、湖、库名称：________ 采样日期：______

地点：___到 ___方位，估计_____平方千米，共采集 ___次，

共计采集面积 _________平方米

<table>
<tr><th colspan="2" rowspan="3">种类</th><th colspan="5">采样点</th><th colspan="2">实测平均值（克）</th><th colspan="2">每平方米水葫芦的重量（克）</th><th colspan="2">与总重量的百分比（%）</th></tr>
<tr><th rowspan="2">1</th><th rowspan="2">2</th><th rowspan="2">3</th><th rowspan="2">4</th><th rowspan="2">5</th><th colspan="2"></th><th colspan="2"></th><th colspan="2"></th></tr>
<tr><th>湿重</th><th>干重</th><th>湿重</th><th>干重</th><th>湿重</th><th>干重</th></tr>
<tr><td colspan="2"></td><td></td><td></td><td></td><td></td><td></td><td></td><td></td><td></td><td></td><td></td><td></td></tr>
<tr><td colspan="2"></td><td></td><td></td><td></td><td></td><td></td><td></td><td></td><td></td><td></td><td></td><td></td></tr>
<tr><td colspan="2">总计</td><td></td><td></td><td></td><td></td><td></td><td></td><td></td><td></td><td></td><td></td><td></td></tr>
<tr><td rowspan="4">备注</td><td>水深（米）</td><td></td><td></td><td></td><td></td><td></td><td></td><td></td><td></td><td></td><td></td><td></td></tr>
<tr><td>透明度（厘米）</td><td></td><td></td><td></td><td></td><td></td><td></td><td></td><td></td><td></td><td colspan="2" rowspan="3">采集工具名称及其面积（平方米）：</td></tr>
<tr><td>底质类型</td><td></td><td></td><td></td><td></td><td></td><td></td><td></td><td></td><td></td></tr>
<tr><td>其他</td><td></td><td></td><td></td><td></td><td></td><td></td><td></td><td></td><td></td></tr>
</table>

记录日期： 记录人：

参考文献

白永莉，李军，2011. 水葫芦在海南食用菌生产上的应用[J]. 热带林业，39(4):39-41.

白云峰，周卫星，严少华，等，2011a. 水葫芦青贮条件及水葫芦复合青贮对山羊生产性能的影响[J]. 动物营养学报，23(2): 330-335.

白云峰，朱江宁，严少华，等，2011b. 水葫芦青贮对肉鹅规模养殖效益的影响[J]. 中国家禽，33(7):49-50.

曹晓，2011. 西溪国家湿地公园湿地水生植被特征及其与水环境关系研究[D]. 南京：南京师范大学.

曹阳，傅建伟，褚建君，2011. 水葫芦生防真菌*Cercospora* sp. FJ24的分离、鉴定及其分子生物学研究[J]. 上海交通大学学报

(农业科学版), 29(3):19-23.

陈翠兰, 凌勇坚, 2004. 综合治理水葫芦的实践与思考[J]. 农业环境与发展, 21(2):42-43.

陈宏, 贾纬, 聂毅磊, 等, 2016. 对水葫芦有杀草活性的菌株S63的分离筛选[J]. 微生物学杂志, 36(4):22-26.

陈继平, 龚英, 常杰鲜, 2015. 一种缓释型水葫芦生长调控剂及制备方法[P]. ZL2015104858478.

陈若霞, 2005. "冬枯夏盛" 区域水葫芦的综合治理技术[D]. 杭州: 浙江大学.

陈若霞, 王扬军, 古斌权, 等, 2005. 水葫芦生物防治和综合治理技术研究[J]. 宁波农业科技 (4):17-18.

陈文萍, 徐舒阳, 那中元, 等, 2016. 紫根水葫芦对重金属水体的净化作用[J]. 环境工程学报, 10(5): 2284-2290.

陈潇, 潘文斌, 王牧, 2012. 福建闽江水口水库凤眼莲空间分布特征及其动态[J]. 湖泊科学, 24(3):391-399.

陈鑫珠, 庄益芬, 张建国, 等, 2011. 水葫芦与甜玉米秸秆混合半干青贮的研究[J]. 草业科学, 28(8): 1561-1566.

陈兴, 2011. 水葫芦适应不同生长条件的生理生化特性研究[D]. 福州: 福建农林大学.

陈志群, 1996. 国外水葫芦生物防治研究概况[J]. 中国生物防治学报, 12(3):143-144.

程志斌, 宋任彬, 张红兵, 等, 2011. 水葫芦渣常规营养成分及矿物质含量分析[J]. 饲料研究 (11):80-82.

出泽宏，2010. 水葫芦入侵福建的风险评估及其生态经济损失估计[D]. 福州：福建农林大学.

戴全裕，陈源高，郭耀基，等，1990. 水葫芦对含银废水的净化研究——动态模拟试验[J]. 环境科学学报，10(3):362-370.

刁正俗，1983. 中国常见水田杂草[M]. 重庆：重庆出版社.

丁建清，2002. 生物和非生物因子对外来入侵植物水葫芦的影响、互作机制及其综合治理[D]. 北京：中国农业大学.

丁建清，陈志群，付卫东，等，2001. 水葫芦象甲对外来杂草水葫芦的控制效果[J]. 中国生物防治学报，17(3):97-100.

丁建清，陈志群，付卫东，等，2002. 水葫芦象甲的生物学及其寄主专一性[J]. 中国生物防治学报，18(4): 153-157.

丁建清，王韧，陈志群，等，1998. 利用水葫芦象甲防治云南滇池水葫芦的可行性研究[C].// 植物保护21世纪展望暨全国青年植物保护科技工作者学术研讨会.

丁建清，王韧，付卫东，等，1999. 利用水葫芦象甲和农达综合控制水葫芦[J]. 植物保护，25(4):4-7.

段惠，强胜，吴海荣，等，2003. 水葫芦[*Eichhornia crassipes*（Martius）Solms-Laubach][J].杂草科学（2）: 39-40.

宫伟娜，万方浩，谢丙炎，等，2009. 表型可塑性与外来入侵植物的适应性[J]. 植物保护，35(4): 1-7.

韩亚平，杨琏，张红兵，等，2013. 水葫芦渣混合青贮的感官品质研究[J]. 饲料博览(1):1-4.

洪春来，魏幼璋，贾彦博，等，2005. 水葫芦防治及综合利用的研究进展[J]. 科技通报，21(4):491-496.

胡丽，谭万忠,2013. 一种水葫芦生防真菌拟盘多毛孢[P]. ZL2012101757255.

胡新军，张古忍,2007. 一种防治水葫芦的方法[P].ZL2006101223248.

华秀红，林金盛，曲绍轩，等,2011. 水葫芦渣栽培秀珍菇试验[J]. 食用菌(6):29-30.

黄东风，李清华，陈超，2007. 水葫芦有机肥料的研制与应用效果[J]. 中国土壤与肥料(5): 48-52.

黄伟，苏子峰，韩亚平，等，2011. 水葫芦营养成分及矿物质含量研究[J]. 饲料博览(7): 44-47.

纪苗苗，林波，吴跃明，等，2010. 不同水域中水葫芦对铅、镉、铬、汞的富集规律研究[J]. 草业科学，27(7): 1-4.

江洪涛，张红梅,2003. 国内外水葫芦防治研究综述[J]. 中国农业科技导报,5(3):72-75.

江锦坡，金春华，徐镇，等，2002. 河蟹对水葫芦生长的影响[J]. 水产科学，21(3):11-12.

江荣昌，姚秉琦,1989. 化学除草技术手册[M]. 上海: 上海科学技术出版社.

金樑，王晓娟，高雷，等，2005. 从上海市水葫芦的生活史特征与繁殖策略探讨其控制对策[J]. 生态环境学报，14(4):498-502.

兰吉武，陈彬，曹伟华，等，2004. 水葫芦厌氧发酵产气规律[J]. 黑龙江科技大学学报，14(1):18-21.

蓝江林，刘波，朱育菁，等，2010. 水葫芦内生细菌脂肪酸生物标记特性研究[J]. 生态毒理学报, 5(2): 242-254.

李亚治, 2000. 水葫芦-水草人工湿地系统在再生浆造纸废水处理中的应用研究[J]. 环境工程, 18(6): 28-30.

李扬汉, 1998. 中国杂草志[M]. 北京: 中国农业出版社.

练惠通, 黄泽文, 朱文忠, 等, 2014. 广东农业外来有害生物水葫芦入侵的历史阶段与特点[J]. 古今农业(1): 17-25.

林晨, 2013. 水葫芦对污水中重金属的吸收及其机理[D]. 福州: 福建农林大学.

林东教, 唐淑军, 何嘉文, 等, 2004. 漂浮栽培蕹菜和水葫芦净化猪场污水的研究[J]. 华南农业大学学报, 25(3): 14-17.

刘国祥, 2010. 除草剂对水葫芦的控制及助剂的应用[D]. 福州: 福建农林大学.

刘剑彤, 2004. 有机-无机复合肥[J]. 科学观察(12): 20-20.

刘士力, 胡廷尖, 王雨辰, 等, 2010. 水葫芦对富营养化水体改良效果的试验[J]. 安徽农学通报, 16(22):66-67.

刘雪源, 唐涛, 马国兰, 等, 2009. 五氟磺草胺防治水葫芦的效果研究[C].// 全国杂草科学大会.

刘作云, 彭忆兰, 付美云, 2016. 3种常见水生植物对养殖废水中化学需氧量的去除效果[J]. 南方农业学报, 47(6): 911-915.

罗妮娜, 李娇英, 吴清盛, 2013. 水葫芦在污染水体修复中的应用[J]. 环保科技, 19(4):30-32.

马丽娜, 朱育菁, 林抗美, 等, 2010. 水葫芦的形态特征及药剂防除初步试验[J]. 中国农学通报, 26(8):268-271.

马涛, 2014. 漂浮植物水葫芦对富营养化水体氮归趋途径的影响及机制研究[D]. 南京: 南京农业大学.

马晓建，蒋清丽，杨旭，等，2015. 一种利用水葫芦综合处理酒精废水的方法[P]. ZL201410520345.X.

秦红杰, 张志勇, 刘海琴, 等, 2016. 水葫芦天敌——地老虎[J]. 江苏农业科学, 44(6):217-219.

孙玲, 朱泽生, 王晶晶, 等, 2011. 基于遥感技术的太湖放养凤眼莲的生长模型[J]. 生态环境学报, 20(4):623-628.

孙小燕，丁洪，2004. 水葫芦的综合利用与防治技术[J]. 农业资源与环境学报, 21(5): 35-36.

孙玉芳, 姜丽华, 李刚, 等, 2016. 外来植物入侵遥感监测预警研究进展[J]. 中国农业资源与区划, 37(8):223-229.

谭承建，董强，王银朝，等，2005. 水葫芦的危害、利用与防除[J]. 动物医学进展，26(3): 55-58.

田宏, 1992. 水葫芦对含氰废水的净化、抗性及生理反应[J]. 生物学杂志(5):14-17.

万方浩，郑小波，郭建英，2005. 重要农林外来入侵物种的生物学与控制[M]. 北京: 科学出版社.

万方浩, 2009. 中国生物入侵研究[M]. 北京: 科学出版社.

万咸涛，2002. 汉江水葫芦大面积水域出现对水环境影响分析[J]. 城市环境(1): 27-28.

王桂荣，张春兴，1996. 某些环境条件对水葫芦生物生产力的影响[J]. 生态学杂志(4): 33-36.

王庆海，2001. 水葫芦象甲生态学[D]. 武汉：华中农业大学.

王小欣，卢柳吉，李其利，等，2013. 水葫芦生防菌的分离筛选及初步鉴定[J]. 南方农业学报，44(8):1291-1294.

王赞信，2012. 利用水葫芦治理水体富营养化与生产沼气的环境经济学分析[J]. 长江流域资源与环境，21(8): 972-978.

王子臣，朱普平，盛婧，等，2011. 水葫芦的生物学特征[J]. 江苏农业学报，27(3):531-536.

吴文庆，洪渊扬，秦双亭，2003. 水葫芦治理技术的初步研究[J]. 上海环境科学(增刊): 146-150.

夏会龙，吴良欢，陶勤南，2001. 凤眼莲加速水溶液中马拉硫磷降解[J]. 中国环境科学，21(6): 553-555.

夏会龙，吴良欢，陶勤南，2002. 凤眼莲植物修复几种农药的效应[J]. 浙江大学学报(农业与生命科学版)，28(2): 165-168.

谢桂英，郭金春，2005. 水葫芦的发生特点、防治及其利用[J]. 农药，44(10):445-448.

徐祖信，高月霞，王晟，2008. 水葫芦资源化处置与综合利用研究评述[J]. 长江流域资源与环境，17(2):201.

许国晶，段登选，杜兴华，等，2014. 养殖池塘利用水葫芦与EM菌协同净化水环境的研究[J]. 中国农学通报，30(26): 40-46.

许敏，梁越，刘小真，等，2013. 湿地处理水产养殖废水的实验研究[J]. 江西农业大学学报，35(1):221-224.

杨建芳，宋艳秋，黄艳梅，等，2013. 洱海凤眼莲内生放线菌及其抗菌活性的初步研究[C].// 中国生态学学会微生物生态专业委员会2013年年会.

余有成，1989. 水葫芦的营养成分及青贮方法[J]. 国外畜牧学：饲料(1):38-41.

袁蓉，刘建武，成旦红，等，2004. 凤眼莲对多环芳烃(萘)有机废水的净化[J]. 上海大学学报(自然科学版)，10(3):272-276.

张文明，王晓燕，2007. 水葫芦在水生态修复中的研究进展[J]. 环境科技，20(1):55-58.

张志杰，王志盈，吕秋芬，等，1986. 水葫芦对水体铅吸收与对水净化的研究[J]. 西安建筑科技大学学报(自然科学版)(3): 69-75.

赵超，彭帅，高兆银，2010. 水葫芦在平菇菌种培养中的应用初探[J]. 食用菌，32(2):34-35.

郑建初，盛婧，张志勇，等，2011. 水葫芦的生态功能及其利用[J]. 江苏农业学报，27(2): 426-429.

郑李军，傅明辉，2015. 水葫芦根际细菌群落结构多样性分析[J]. 微生物学通报，42(11): 2115-2125.

郑濂，1985. 水葫芦净化轧钢工业污水中的油分[J]. 铁合金(1):43-44.

郑濂，1986. 绍兴钢铁厂利用水葫芦氧化塘净化焦化含“酚”“氰”轧钢氧化铁皮中含“油份”工业废水成效显著[J]. 环境与可持续发展(6): 20.

钟平生，李丹妮，2013. 生物制剂防控水葫芦的中间性试验效果[J]. 惠州学院学报，33(3):28-31.

周伯瑜，1989. 多面手——水葫芦[J]. 环境导报(4): 23-24.

周娟娟，李战军，2011. 利用蚯蚓堆制技术直接处理水葫芦[J]. 环境科技，24(6):26-28.

周喆，2008. 水质条件对外来入侵生物水葫芦生长的影响[D]. 福州：福建农林大学.

朱磊，胡国梁，卢剑波，等，2006. 水葫芦的资源化利用[J]. 浙江农业科学，1(4):460-463.

朱敏，2004. 凤眼莲在富营养化水体中衰亡的环境效应[D]. 南京：南京师范大学.

邹乐，严少华，王岩，等，2012. 水葫芦净化富营养化水体效果及对底泥养分释放影响的比较研究[C]// 中国土壤学会海峡两岸土壤肥料学术交流研讨会论文集，1661-1662.

Barrett S C H, Forno I W, 1982. Style morph distribution in New World populations of *Eichhornia crassipes* (Mart.) Solms-Laubach (water hyacinth) [J]. Aquatic Botany, 13 (82):299-306.

Center T D, Spencer N R, 1981. The phenology and growth of waterhyacinth [*Eichhornia crassipes* (Mart.) Solms] in a eutrophic north-central Florida lake[J]. Aquatic Botany (10): 1-32.

Charudattan R, 1986. Integrated Control of Waterhyacinth (*Eichhornia crassipes*) with a Pathogen, Insects, and Herbicides[J]. Weed Science, 34(1):26-30.

Cordo H A, Deloach C J, 1975. Ovipositional Specificity and Feeding Habits of the Waterhyacinth Mite, Orthogalumna terebrantis, in

Argentina [J]. Environmental Entomology, 4(4):561-565.

Dembele-B, 1994. Water hyacinth, a pest of waterways in Mali? Sahel-PV-Info., No.62: 12-14.

Dhanapal G N, Ganeshalah K N, 2000. Competitive interaction between two weeds: water hyacinth (*Eichhornia crassipes* Mart. Solms.) and alligator weed (*Alternanthera philoxeroides* Mart. Griseb)[J]. Mysore journal of agricultural sciences, 34(2): 121-124.

El-Shinnawi M M, El-Din M N A, El-Shimi S A, et al, 1989. Biogas production from crop residues and aquatic weeds[J]. Resources Conservation & Recycling, 3(1):33-45.

Everitt J H, Escobar D E, Davis M R, 2001. Reflectance and Image Characteristics of Selected Noxious Rangeland Species [J]. Journal of Range Management, 54(2):208-208.

Everitt J H, Yang C, Escobar D E, et al, 1999. Using remote sensing and spatial information technologies to detect and map two aquatic macrophytes[J]. Journal of Aquatic Plant Management, 37(2):71-80.

Forno I W, Wright A D, 1981. The biology of Australian weeds. 5. *Eichhornia crassipes* (Mart.) Solms[J]. Journal of the Australian Institute of Agricultural Science(47): 21-28.

Hill M P, Cilliers C J, Neser S, 1999. Life history and laboratory host range of Eccritotarsus catarinensis (Carvalho) (Heteroptera:

Miridae), a new natural enemy released on water hyacinth [*Eichhornia crassipes* (Mart.) Solms-Laub.](Pontederiaceae) in South Africa[J]. Biological Control, 14(3):127-133.

Kasno, Handayani H S, Dharmaputra O S, et al, 1999. Integrated use of neochetina bruchi and alternaria eichhorniae in controlling water hyacinth[J]. Biotropia the Southeast Asian Journal of Tropical Biology, 13(3):1-6.

Nguyen Ba Trung, 2006. Agricultural potential and utilization of water hyacinth (*Eichhornia crassipes*) as forage for fattening pigs in the Mekong delta of Vietnam. Workshop-seminar "Forages for Pigs and Rabbits" MEKARN-CelAgrid, Phnom Penh, Cambodia, 22-24 August, 2006. Article # 15. Retrieved October 11, 117, from http://www.mekarn.org/proprf/trung.htm.

Parija P, 1934. Physiological investigations on waterhyacinth (*Eichhornia crassipes)*in Orissa with notes on some other aquatic weeds[J]. Indian Journal of Agricultural Science (4): 399-429.

Patnaik S, Das K M, 1984. Chemical control of water hyacinth: its economic significance and fertilizer value in fish culture[C]// Proceedings of the International Conference on Water Hyacinth: Hyderabad, India, February 7-11, 1983/Editor: G. Thyagarajan. Nairobi,[Kenya]: United Nations Environment Programme, c1984.

Sharma A, Gupta M K, Singhal P K, 1996. Toxic effects of leachate